51《ウーイー》

世界で一番
小さく生まれた
パンダ

文　張雲暉　写真　張志和

目次

この本に登場するパンダ（ウーイーの家系図）

越越《ユウユウ》
（オス）
1984年野生捕獲。1994年梅梅の父となる。1995年北京動物園へ。

冰冰《ビンビン》
（メス）
1986年8月6日成都パンダ基地生まれ。人間の年齢でいうと80歳の時に9頭目の子どもを生んだ、パンダ界のスーパーお母さん。のちにウーイーたちの先生役となる。

哈蘭《ハーラン》
（オス）
1984年生まれ。1986年野生捕獲。

梅梅《メイメイ》
（メス）
1994年8月31日成都パンダ基地生まれ。奇珍と奇縁を生んだあと、2000年7月7日来日。和歌山アドベンチャーワールドで7頭の子を生む。

奇縁《チーユェン》
（メス）
1999年9月4日成都パンダ基地生まれ。奇珍の双子の妹。

琳琳《リンリン》
（オス）
1997年8月2日臥龍生まれ。何頭もの父親になっているベテランのオス。

奇珍《チージェン》
（メス）
1999年9月4日成都パンダ基地生まれ。奇縁の双子の姉。

縁小《ユェンシャオ》
（オス）
2006年8月6日成都パンダ基地生まれ。楽山の双子の弟。生まれたときの体重は119g。

楽山《ルーシャン》
（オス）
2006年8月6日成都パンダ基地生まれ。縁小の双子の兄。生まれたときの体重は169g。

51
ウーイー
（オス）
2006年8月7日成都パンダ基地生まれ。楽水の双子の弟。生まれたときの体重は51g。

楽水《ルーシュイ》
（オス）
2006年8月7日成都パンダ基地生まれ。ウーイーの双子の兄。生まれたときの体重は145g。

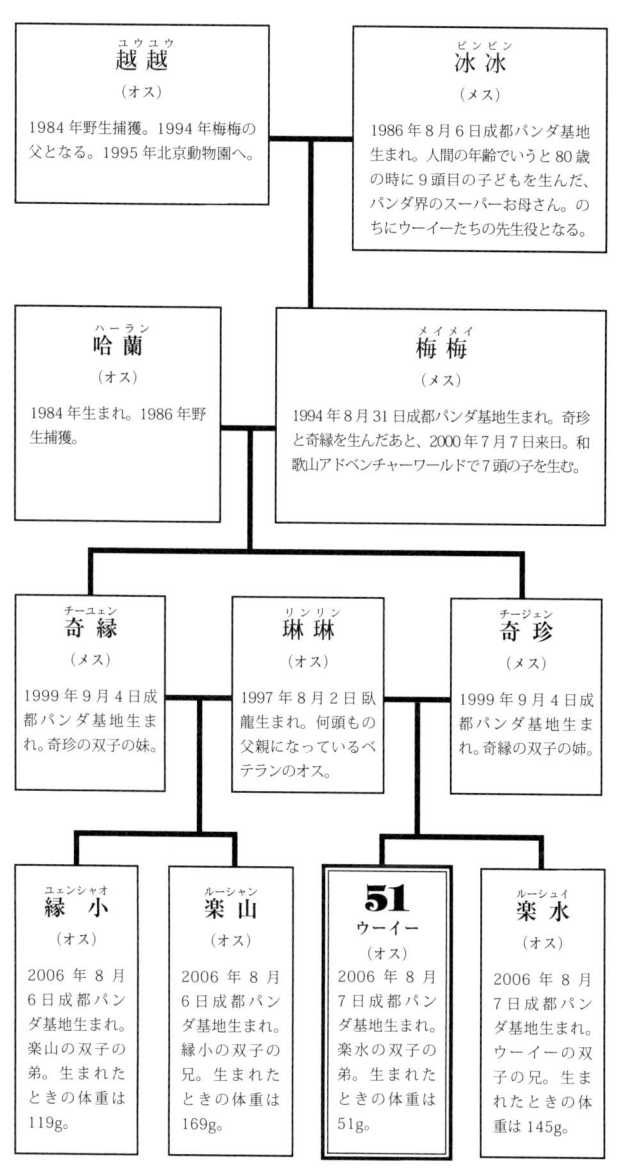

プロローグ　運命的な出会い

51（ウーイー）という不思議な名前のパンダに会ったのは、2007年7月7日のことです。

7並びのラッキーセブン。しかも七夕《たなばた》の日。今思うと、なんて運命的な日に出会っていたんでしょう。

四川省《しせんしょう》生まれの私にとって、パンダは当たり前の存在。小さいころ、重慶《じゅうけい》の動物園で寝転《ねころ》がっていたパンダを目にしていましたが、特別な思いはありません。実は、かわいいと思ったこともありませんでした。歩き回るトラや、リンゴを食べるサル……子どものころの私は、動きの多い動物に目を奪《うば》われていたんです。

ところが日本に来て、「四川省の出身です」と言うと、みんな決まって「パンダのふるさとですね！」と目を輝《かがや》かせてきました。誰《だれ》もが口にするんです。

パンダってなんだろう？

このときからずっと気になりはじめました。

そんな折《おり》、パンダのドキュメンタリーを作らないかという話が来ました。四川省出身で、日本語も中国語もできる。パンダにぴったりだということになったようです。でも、パンダに対して関心がない。ならば実際に見てみよう。パンダを見て判断しよう。こう思ったんです。

そこで私はパンダのふるさと――四川省の成都《せいと》にある「成都ジャイアント・パンダ繁殖《はんしょく》研究基地」、通称《つうしょう》パンダ基地を訪ねました。

観光客向けに行っているパンダツアーに参加してみました。ガイドの方によると、敷地面積《しきちめんせき》は3万4781・8平方メートル。とても広くて1日では回りきれません。それでも目を皿のようにして、パンダを目に焼き付けました。赤ちゃんパンダ、少年のパンダ、食べているパンダ、遊んでいるパンダ……。どここもかしこもパンダだらけです。

そのうちに私は、すっかりパンダの不思議な魅力《みりょく》の虜《とりこ》になっていたのです！

ツアーの最後、「パンダと写真を撮りませんか？」とガイドから誘《さそ》われました。パンダとツーショットの写真を撮ることができるというのです。でも値段を聞いてびっくり。1000元《げん》だというんです。日本円にすると1万円を超《こ》えてしまいます。特別に2割引にしてくれるということでしたが、それでも日本円で1万円ぐらい。普段《ふだん》の私だったら、絶対に断っています。

でもこの日は違《ちが》いました。だって、パンダの虜になっていたんですから！

高い、と思いながらも「はい！　撮ります！」と口に出していました。

記念撮影《さつえい》に協力したパンダには、飼育員《しいくいん》からご褒美《ほうび》のリンゴが与《あた》えられます。

「リンゴ目当てのパンダもいるんですよ」

と飼育員。リンゴが欲しくて、われ先にと駆《か》けつける子もいるんだそうです。

さあ私の番です。

　私は隣《となり》にやってきたパンダをギュッと抱きしめました。温《あたた》かさが直《じか》に伝わってきます。抱きしめても嫌《いや》がらずにじっとしているお利口《りこう》さんのパンダ。飼育員に名前を聞くと、こう返ってきました。

「ウーイー（51）よ」

　51？　中国人から見てもおかしな名前です。数字の名前なんて！

「どうして、そんな名前をつけたんですか？」

「実はこの子は、世界で一番小さく生まれたパンダなんです。成都パンダ基地で初めて生きながらえた未熟児《みじゅくじ》で、生まれたときの体重が51グラム。だから51（ウーイー）という名前になったんですよ」

「51グラム？」

「ニワトリの卵1個分の重さです。普通の赤ちゃんと比べるとわずか3分の1の体重。だから生んだ母親も見捨ててしまったほど。それがこんなにたくましく成長するんだから……」

私の隣で大人《おとな》しくしているウーイーは、まだ1歳《さい》になっていないというのに、迫力《はくりょく》さえあります。聞くと体重は37キロ。標準です。

きみは本当に未熟児だったの？　そんなに小さく生まれてきた子が、どうやって成長したの？　母親に見捨てられたって、どういうことだろう？　ウーイーはこのあと、どう成長するんだろう？

私の頭の中は「クエスチョンマーク」だらけになりました。隣にいる立派なパンダと（といっても子どものパンダですが）、51グラムがまったく結びつかないんです。

私は俄然《がぜん》、ウーイーに興味《きょうみ》を持ちました。ウーイーのことをもっと知りたい！　この子のことをもっと見ていたい！

ウーイーの過去に遡《さかのぼ》りながら、私は4年間、この子を追い続けました。それは成都パンダ基地始まって以来の奇跡《きせき》の物語です。

奇跡のパンダ、ウーイー――さあ、彼の物語を始めます。

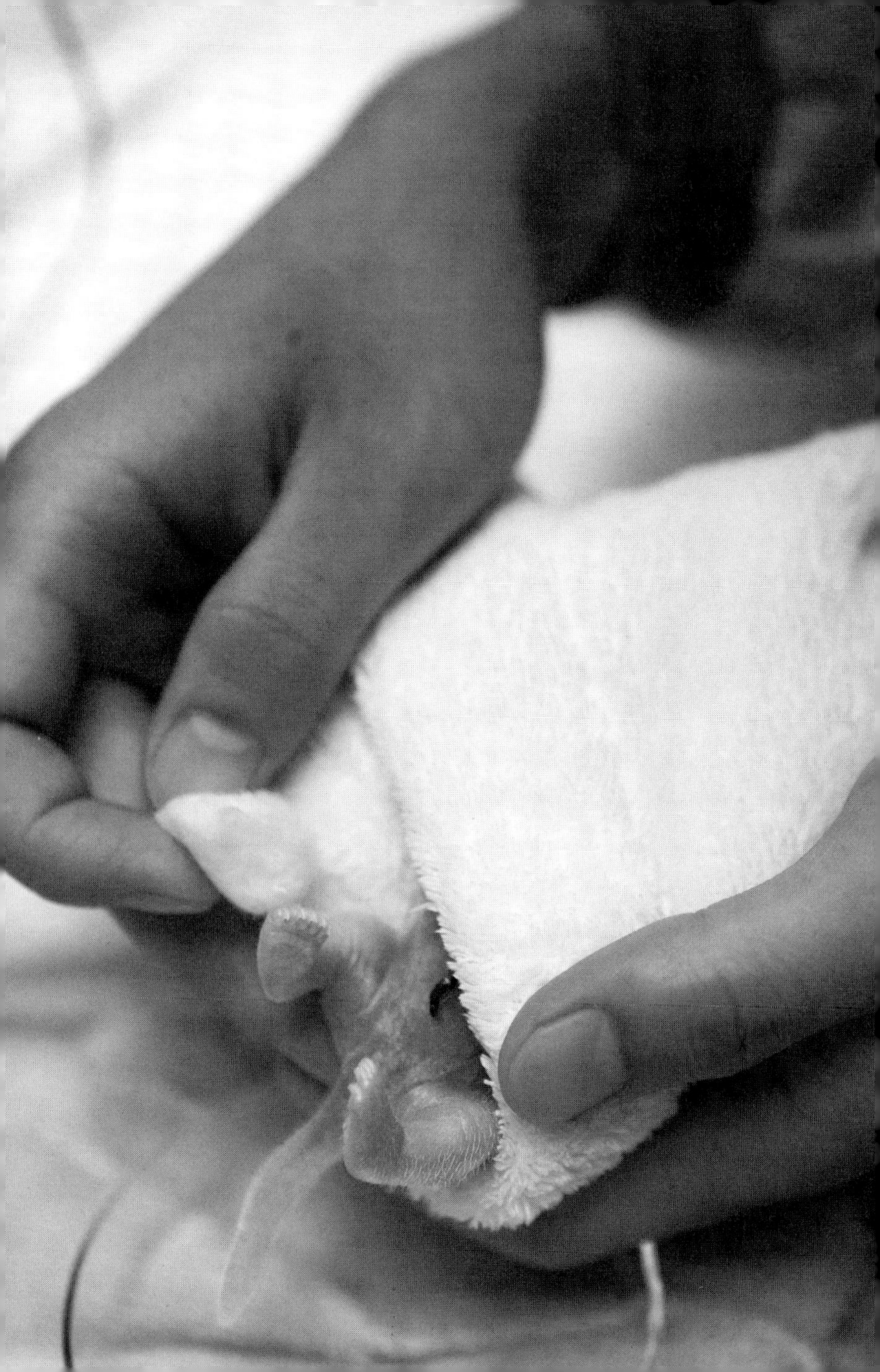

第一章　たった51グラムの命

緊張《きんちょう》に包まれた産室《さんしつ》

２００６年８月７日、成都《せいと》のパンダ基地の産室は緊張に包まれていました。今年７歳《さい》になる奇珍《チージェン》の初めての出産が近づいていたのです。

初産《ういざん》は、パンダにとっても大きな試練です。特にパンダ基地のように人工繁殖《はんしょく》を行っているところでは、他《ほか》のパンダの出産を自然に目にする機会はありません。

パンダは、見て、触《ふ》れて、学んでいく動物です。例えば木登りひとつとっても、ある日突然《とつぜん》、できるようにはなりません。他の大人《おとな》のパンダの木登りの様子を見て、体験し、学んでいきます。

初産のお母さんパンダは、何もかも初めてです。見て学ぶ経験も不足しています。人間と同じで、未体験のことにすぐにパニックを起こしてしまうのです。出産直後の赤ちゃんの鳴き声に驚《おどろ》いて、育児放棄《いくじほうき》をしてしまうお母さんさえいます。

奇珍はただでさえ、心配なパンダでした。生まれてすぐに、驚いたお母さんから叩《たた》かれ続け、あわや一命《いちめい》を落とすという経験を持っていたのです。奇珍の名前は、そのときの怪我《けが》で7針縫《ぬ》ったことからつけられています。「七針」のことを、中国語読みで「チージェン」と言います。チージェンと同じ発音の漢字を当てたのが、「奇珍」というわけです。

その奇珍が初めてお母さんになるのです。

自分がお母さんにされたように、生んだわが子を叩いてしまわないだろうか。育児放棄をしてしまうんじゃないだろうか。飼育員《しいくいん》たちは、気が気ではなかったのです。

「太陽分娩室《ぶんべんしつ》」と名づけられた繁殖施設《しせつ》の産室のひとつ、奇珍がこもっている部屋には、いつもより多くのスタッフが駆《か》けつけていました。

一番心配そうな顔をしているのは、奇珍担当の飼育員、陳波《チェン・ボウ》さんです。陳さんは、出産自体、初めての立ち会いです。

念のために備えた獣医《じゅうい》の蘭景超《ラン・ジンチャオ》さんの姿もありました。かつて奇珍を救った獣医です。

ここ成都パンダ基地のトップ、張志和《ジャン・ツーフー》主任《しゅにん》も駆けつけていました。産室に近づけない職員は、スタッフルームのモニターから、出産の様子を見守ります。人が多すぎても、神経質なお母さんパンダは緊張してしまい、出産がうまくいかないことが多いのです。

奇珍が落ち着きなく産室を動き回ります。出産が近づいた合図です。時折《ときおり》、ウーウーというなり声をあげています。

「生まれたぞ!」

飼育員のひとりが声を上げました。

夕方の5時3分です。

全員が不安な面持《おもも》ちです。奇珍はこの赤ちゃんを抱きかかえることができるのでしょうか。

白い産毛《うぶげ》に覆《おお》われた、ピンク色の赤ちゃんが、産室の床《ゆか》の上を這《は》い回っています。

パンダの赤ちゃんの大きさはお母さんの1000分の1。平均でわずか150グラムほどです。力加減《かげん》を間違《まちが》えると、すぐにつぶれてしまいそうです。

「早く抱っこして！　抱っこして」

この子は、大きな鳴き声で、お母さんを呼んでいるようです。奇珍が近づきました。片手で赤ちゃんをすくい上げ、口にくわえます。

すると、床にドッカリと腰《こし》を下ろし、赤ちゃんを抱きしめ始めました。

驚かせないように、飼育員たちは心の中で歓声《かんせい》を上げました。

お母さんからはたかれたあの奇珍が、立派なお母さんになったのです！　わが子を大切に抱きかかえているのです！　お母さんの鼓動《こどう》と、赤ちゃんの鼓動がひとつになりました。

産室は幸せな空気に包まれました。担当飼育員の陳さんら数人を残して、みんなホッとしながら、それぞれの持ち場に帰っていきます。

奇珍は同じ姿勢で、赤ちゃんを抱きかかえながら、温かく湿った舌でなめ回しています。生まれたばかりの赤ちゃんは体温が低下しやすいため、こうして抱きしめ続けながらなめることで、血行《けっこう》をよくしてあげているのです。

赤ちゃんパンダの目のところは、黒い斑点《はんてん》だけで、目の原形もなく、もちろん見えません。耳だって聞こえませんし、いろんな器官が不完全です。お母さんパンダがこうして抱きしめてあげなければ、赤ちゃんパンダはすぐに死んでしまう、か弱い存在なのです。

この赤ちゃんはのちに、「楽水《ルーシュイ》」と名づけられました。

見過ごされた赤ちゃん

奇珍《チージェン》は出産してからずっと、落ち着いていました。双子《ふたご》を生み落とすお母さんは、1頭生んだあとでも、落ち着きがなく、歩き回ってみたり、時には鳴き声をあげたりします。奇珍の落ち着きぶりは、今回は1頭だけしか生まない証拠《しょうこ》だと飼育員《しいくいん》は考えました。

それから50〜60分が過ぎたでしょうか。奇珍を見守っていた担当飼育員の陳波《チェン・ボウ》さんが、奇珍のそばに小さい固まりを見つけました。

見た目に、あまりにも小さいその固まりは、地面に伏《ふ》せたまま、動こうともしません。大きさは通常の3分の1ほど。

「あれは、なに？」

もしかして、もう1頭の赤ちゃんなのでしょうか？

飼育員たちの間に緊張《きんちょう》が走りました。

そうです、間違《まちが》いありません。赤ちゃんです。

慌《あわ》てて時計を見ます。5時58分です。

出産の兆《きざ》しが見られないまま、奇珍は赤ちゃんを生み落としていたのです。しかもお母さんの体の陰《かげ》に隠《かく》れていたせいで、飼育員は長い間、気づきもしなかったのです。

5秒、10秒……時間だけが経過していきます。30秒経《た》っても、赤ちゃんは鳴き声ひとつあげません。

哺乳類《ほにゅうるい》の中でも、お母さんと赤ちゃんの体重差が大きいパンダ。あまりにも小さくてか弱い赤ちゃんパンダは、体重70グラムを切って生まれてくると、死産《しざん》であることが多いのです。床《ゆか》に腹這《はらば》いになっている小さな固まりは、70グラムより小さく見えます。

設備の整ったここ成都《せいと》パンダ基地でも、未熟児《みじゅくじ》のまま、生きながらえたパンダは、これまでいません。死産で生まれてくるか、生まれ落ちてもすぐに息《いき》絶えてしまうのです。

誰《だれ》もが諦《あきら》めました。

お母さんの奇珍も、そんなことがなかったかのように、ピンク色をした小さな固まりに見向きもしません。お兄ちゃんの楽水《ルーシュイ》を愛《いと》おしそうに、舌でペロペロなめていいます。

あまりにも厳《きび》しい自然の掟《おきて》は、せっかく生まれてきた小さな命を、生かしてはくれないのでしょうか。これが自然の定めなのでしょうか。

1分が過ぎたころ、その小さな固まりがわずかに動きました。

「生きてる！」

しかし鳴き声をあげようとはしません。

赤ちゃんは、大きな鳴き声によって、自分の存在をお母さんに気づいてもらいます。自然界で双子が生まれた場合、お母さんは鳴き声が大きいほうの赤ちゃんを選び、もう1頭はそのままほったらかします。少しでも丈夫《じょうぶ》な赤ちゃんを育てようとする、動物の本能です。それが自然界を生き抜《ぬ》くルールなのです。

鳴き声は、赤ちゃんにとって唯一《ゆいいつ》の生きる手段なのです。

小さな固まりはモゾモゾと動くだけです。決して鳴き声をあげようとはしません。いえ、まだ声を出す器官ができていなくて、出したくても声をあげられないのかもしれません。

時間だけが無駄《むだ》に過ぎていきます。このままお母さんに抱いてもらえなければ、コンクリートの床に体温を奪《うば》われ、死んでしまいます。気づいていないお母さんに、押しつぶされてしまうかもしれません。

「いったい、どうすればいいの？」

飼育員たちは頭を抱えました。

以前、奇珍《チージェン》と同じように、生んだばかりの赤ちゃんを放り出してしまったお母さんパンダがいました。

このとき、飼育員は檻《おり》の中から、赤ちゃんを救い出そうとしました。ところが、出産直後でいきり立っているお母さんパンダは、勝手に手を出されたことに腹を立て、赤ちゃんを叩《たた》いて殺してしまったのです。

救い出さなければ死んでしまう。でも救い出そうとしたら、お母さんに殺されてしまうかもしれない。そうなれば、今、抱きかかえている楽水《ルーシュイ》にも危険が及《およ》びます。この子も、一緒《いっしょ》に殺されてしまうかもしれないのです。

誰も判断できません。あまりの決断の大きさに、みんな固まっていたのです。

飼育員が、成都パンダ基地の責任者、張志和《ジャン・ツーフー》主任を呼びに走りました。すでに通常業務《つうじょうぎょうむ》の時間は終わっていましたが、奇珍が心配だった張主任は、ずっと残っていたのです。

「見てごらん、あの子はあんなに小さいのに、懸命《けんめい》に生きようと動いている。放っておいたら、この小さい命が失われてしまう。責任は私がとる。だからすぐにあの子を助け出そう！」

張《ジャン》主任の決断に、事態《じたい》が動き始めました。

飼育員のひとりが、棒《ぼう》を持ってきました。棒の先には包帯《ほうたい》が巻いてあって、赤ちゃんを少しでも傷《きず》つけないように配慮《はいりょ》してあります。即席《そくせき》でつくった救出《きゅうしゅつ》道具でした。楽水を抱きしめている奇珍を刺激《しげき》しないよう、棒が檻の中に差し込《こ》まれました。慎重《しんちょう》に小さな固まりを手元に引き寄せます。

ひとりの飼育員が、モゾモゾ動いているその小さな固まりを、両手で優しく包み込みました。少しでも体温を上げてあげようと考えたのです。

タオル越《ご》しに、飼育員が背中を優しく叩きます。

「アー、アー」

かすかな声がします。まだ大丈夫《だいじょうぶ》かもしれない。この子はまだ、生きようとしている！

両手に抱いたまま、人工飼育器《じんこうしいくき》のある保育室に走りました。

フワフワのタオルで包み込み、人工飼育器の中に入れます。

体温や体重、体のサイズがはかられました。

「体温は33度、体重は51グラム！」

その場にいる全員が息をのみました。

通常の赤ちゃんの体温は、35度です。それよりも2度低いのです。人間で考えてみてください。平熱《へいねつ》が36度の人が、2度下がって34度になったらどうなるでしょう？　人間は、体温が34度だと、自分で自分の体を自由に動かすことができないそうです。死の一歩手前です。

それなのにこの子は、こんな小さな体で、通常よりも2度低いのです。死は、そこまでやってきていました。

保育器内の温度を通常より2度、高くしました。厚手《あつで》のタオル越しに、飼育員が、両手でそっと抱きしめました。少しでも、お母さんに抱かれているような感覚を与《あた》えたかったのです。

がんばれ、51《ウーイー》！

体温を上げると同時に、母乳《ぼにゅう》を口に含《ふく》ませなければなりません。

赤ちゃんパンダは、生まれて2時間ほどでお腹《なか》が空《す》き始めます。

お母さんパンダの最初のお乳《ちち》は、不思議な色をしています。牛乳に、緑色の絵の具を溶《と》いたような、白濁《はくだく》した緑色なのです。出産してから3～5日間は、この不思議な緑色をしていて、そのあと5～9日ぐらいまでは薄《うす》い緑色、10～11日でクリーム色となり、12日過ぎると乳白色《にゅうはくしょく》になります。

なぜ緑色なのかは、まだわかっていません。食べている笹《ささ》の色とも関係ないようです。わかっているのは、この最初のお乳が栄養たっぷりだということ。タンパク質や脂肪《しぼう》、ビタミンや酵素《こうそ》など、栄養がたくさん詰《つ》まっています。

それだけではありません。この中には、栄養素だけでなく、抗生物質《こうせいぶっしつ》も含まれていて、これによって赤ちゃんパンダの免疫力《めんえきりょく》が高まるのです。つまり、この最初のお乳を口にしないと、すぐに病気になってしまう可能性が高いのです。生きていけないのです。

生まれたばかりの赤ちゃんは、ある決められた時間内に初乳《しょにゅう》を飲まないと、なぜか体が反発して、初乳の吸収《きゅうしゅう》をシャットアウトしてしまうのです。すでに生まれてからずいぶん時間が経《た》っています。一刻《いっこく》も早く、飲ませなければなりません。

個体数《こたいすう》が圧倒的《あっとうてき》に少ないパンダでは、〝ある決められた時間〟のデータを科学的に検証《けんしょう》することができません。パンダの専門家の集まるパンダ基地でも、「一刻も早く」としか言いようがないのです。

パンダ基地では、牛乳や羊《ひつじ》、犬の乳など、さまざまな動物の乳で試してみました。しかし、お母さんパンダの乳が与《あた》えるような効果はありませんでした。それどころか、消化不良《しょうかふりょう》を起こしたり、すぐに病気になってしまったりしました。パンダの赤ちゃんが何の問題もなく成長するためには、お母さんパンダの

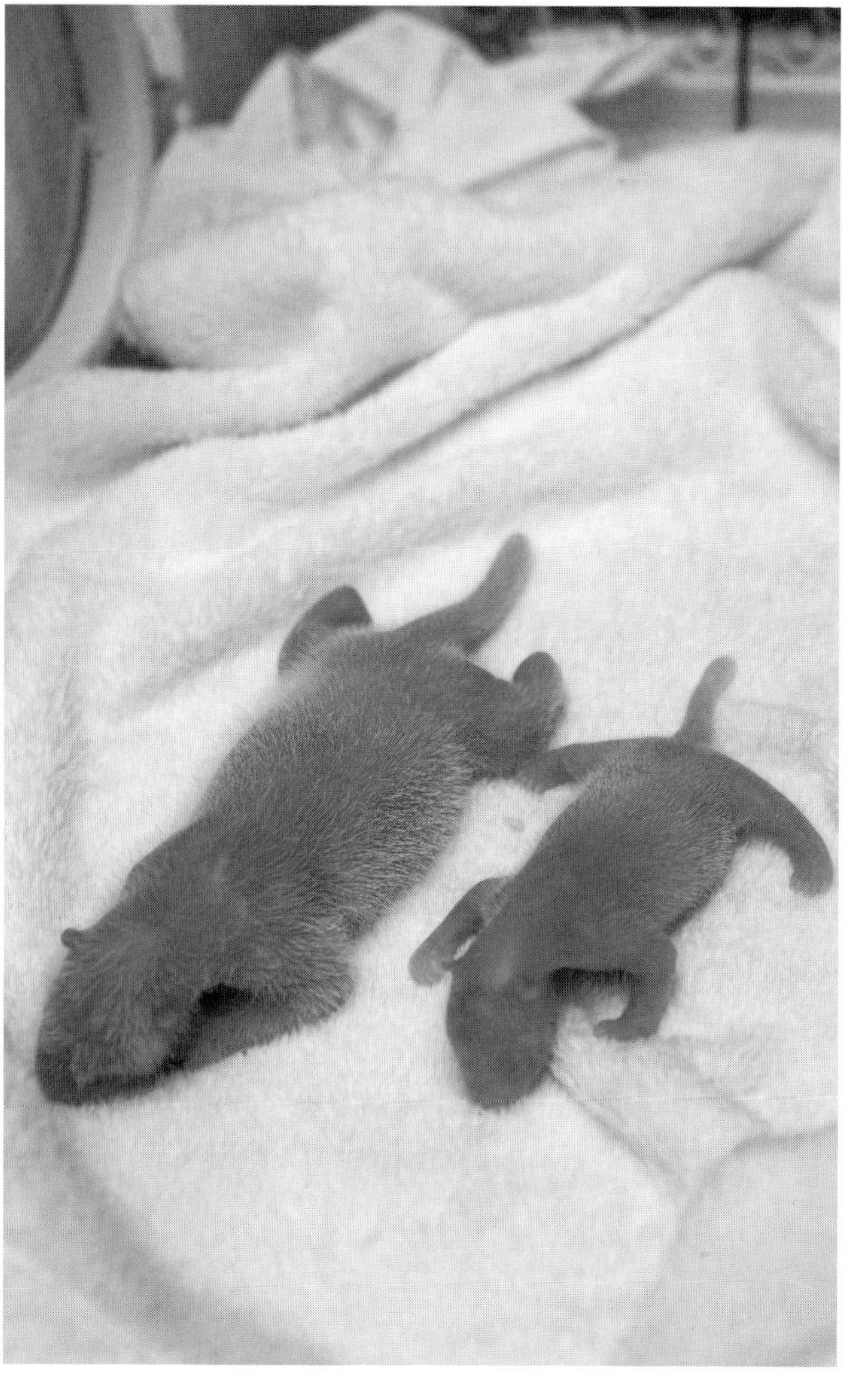

乳が絶対に必要なのです。

乳白色のおっぱいならば、成分《せいぶん》がわかっているので、人工的につくり出すことができます。子どもパンダは実際、人工のミルクで育ちます。

でもこの子は、生まれたばかりの赤ちゃんです。お母さんの最初のおっぱいを飲まなければ生きていけません。ではどうやって？　お母さんは一度見捨てたこの子を、抱きかかえるでしょうか？

しかもこの子は、通常の赤ちゃんの3分の1なのです。たった51グラムの小さな体。もしお母さんに抱かれたとしても、おっぱいを吸《す》う力はありません。そんな力は残っていないのです。

同じ時期に出産をした、ベテランママさんのお乳を吸わせる案も出ました。でも、そのマッチングがうまくいくかわかりません。吸う力がなかったとしたら、抱かれたとしても無駄《むだ》に終わってしまいます。

「奇珍《チージェン》におっぱいをもらおう！」

飼育員《しいくいん》の侯桂芳《ホウ・グイファン》さんが言いました。最後の手段です。みんなから「ホウおばさん」と親しまれているベテラン飼育員の発言に、みんなが頷《うなず》きました。

自分で初乳を口にすることができない以上、もらうしかないのです。この小さい子のための「初乳獲得大作戦《かくとくだいさくせん》」が始まりました。

最初は、麻酔《ますい》で奇珍を眠《ねむ》らせ、その間に乳を搾《しぼ》る作戦が考えられました。でもこれでは、母体《ぼたい》に悪影響《あくえいきょう》が及《およ》ぶかもしれません。乳にもどんな影響があるかわかりません。

「双子《ふたご》の赤ちゃんを交換《こうかん》するのと同じようにハチミツを使ったら？」

ひとりの飼育員が提案しました。

人の手を借りて、双子の赤ちゃんを育てる場合、赤ちゃんを取り替《か》える作業がカギになります。

成都《せいと》パンダ基地では、お母さんパンダの大好物《だいこうぶつ》のハチミツをボウルいっぱいに用意します。それをお母さんに与え、食べている隙《すき》に、赤ちゃんを交換するのです。交換した赤ちゃんは、タオルにくるまれて、保育室に連れていかれます。そこで、飼育員によって育てられるのです。

これを代わりばんこに繰《く》り返すことで、どちらの赤ちゃんも均等に、お母さんの愛情とお乳をたっぷり受けることができるのです。

これならうまくいくかもしれない。

双子交換と同じ作戦でいくことになりました。初めての経験です。

「よし、ハチミツをたっぷり用意しよう」

奇珍と大の仲良しの飼育員の侯《ホウ》さんが、ボウルにハチミツを入れて檻《おり》の横に立ちました。獣医《じゅうい》の蘭景超《ラン・ジンチャオ》さんは、おっぱいを搾り取る準備をします。

「よし、やろう！」

心を合わせて、作業に取りかかります。

飼育員の侯さんが奇珍にハチミツを与えました。奇珍は赤ちゃんを放《はな》すと、両手でボウルを抱え込《こ》みました。その隙にもうひとりが、赤ちゃんの楽水《ルーシュイ》を引き離《はな》しました。そして空《あ》いたおっぱいに、獣医の蘭さんが哺乳瓶《ほにゅうびん》を押し当てました。容器に、緑色の液体が一滴《てき》、また一滴と落ちていきます。

「これであの子が助かる！」

その滴《しずく》を見ながら、ほんの少し、安堵《あんど》の空気が流れました。ようやく、奇珍の初乳が、確保《かくほ》できたのです。

飼育員は気づかれないように、楽水《ルーシュイ》をお母さんの胸に戻《もど》しました。

さあ、次は哺乳瓶でおっぱいをあげなければなりません。

でも保育室では困ったことが起きていました。赤ちゃんパンダ用の哺乳瓶が、この子の口に入らないのです。これでは飲みたくても飲めません。

詰《つ》めかけていたもうひとりの獣医が、

「そうだ、ネズミ用の哺乳瓶がある！」

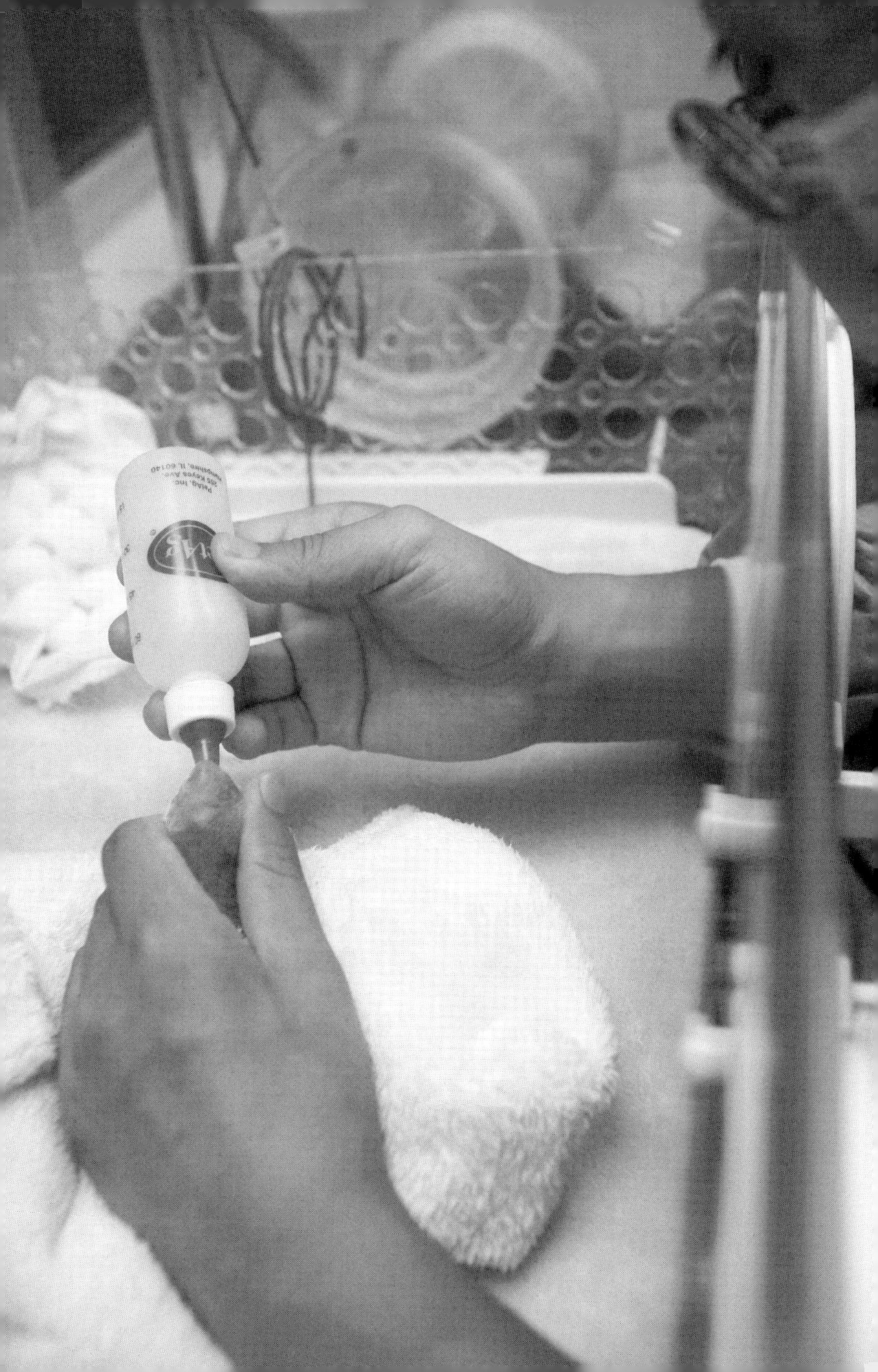

と言いました。ネズミ用ならば、この子の口に入るかもしれません。すぐさま飼育員が、近くの獣医大学に問い合わせをしました。

「そちらにネズミ用の哺乳瓶はありませんか?」

一番近い大学に、それはありました。車で向かえば、1時間弱で戻ってこれます。時間はありません。スタッフのひとりが、車のキーをつかむと、走って駐車場に向かいました。

もう待つしかありません。

保育器の中にいる、51グラムのこの子は、お腹を空かせたまま、息も絶《た》え絶《だ》えです。

「がんばれ! 51(ウーイー)!」

誰《だれ》かが思わず口に出しました。

まだ名前のない小さい子。死にそうな小さい子。

普《ふ》通《つう》なら「小さい猫《ねこ》ちゃん」という意味で「シャオマオ(小猫)」と呼ぶ

ことが多い赤ちゃんパンダですが、この子はまだ、生き続けられるかどうかもわからないのです。小猫《シャオマオ》なんて、かわいらしく呼んでいる余裕《よゆう》はありません。だから咄嗟《とっさ》に、生まれたときの体重を叫《さけ》んでしまったのです。

その声は、さざ波のように広がっていきました。

「ウーイー、がんばれ!」

「負けないで、ウーイー」

「もう少しでミルクを飲めるよ、ウーイー」

みんな、口々にウーイーに声をかけます。

ようやくネズミ用の哺乳瓶が届きました。

すでにこの51グラムの赤ちゃんは、生まれてから数時間経《た》っていました。寒さと飢《う》え。もうこの子には、食べる力も残っていないのでしょうか?

飼育員の黄祥明《ファン・シャンミン》さんが、ネズミ用の哺乳瓶に入れた奇珍の初乳を口元に差し出しました。黄さんは、パンダ基地のほとんどの出産に立ち会っている、パンダの赤ちゃんのスペシャリストです。

しかし反応がありません。もう赤ちゃんには、吸う力が残っていないのかもしれません。

そのかたわらでは、陳さんがそのすべてをメモに取っています。額《ひたい》からは汗《あせ》が流れ落ちますが、ぬぐうこともできません。

黄さんはそうっと、哺乳瓶を指で押《お》しました。お乳を口の中に入れるためです。入れすぎると気管《きかん》に詰まってしまい、窒息《ちっそく》してしまうこともあります。慎重《しんちょう》に哺乳瓶を傾《かたむ》けます。

ダメです。せっかく口に入れたミルクを、すぐに吐《は》いてしまうのです。このままでは死んでしまいます。

また声が上がりました。

「ウーイー、がんばれ！」

「ミルクを飲んで！　ウーイー」

「ウーイー、がんばって生きるのよ！」

「ウーイー！」

口々に応援《おうえん》するうちに、みんなの中では、51グラムで生まれてきた赤ちゃん
――世界で一番小さく生まれてきた赤ちゃんは、「51（ウーイー）」という名前
になっていました。

スタッフルームでモニターを見ていたスタッフも、必死に叫《さけ》びました。

「負けるな、ウーイー！」

「ウーイー！」

小さな鼓動《こどう》

口に含《ふく》んでは吐《は》き、口に含んでは吐《は》き……その繰《く》り返しです。いったい何度繰り返したでしょう？　でも飼育員《しいくいん》の黄祥明《ファン・シャンミン》さんは諦《あきら》めませんでした。

「ぼくも生きたい！」

という小さな声を、心の中で聞いていたのです。

「今度は吐いていない。飲んだんじゃないの？」

飼育員のひとりが声を上げました。

もう一度、ミルクを口に含ませます。大丈夫《だいじょうぶ》、吐きません。とうとうウーイーはネズミ用の哺乳瓶《ほにゅうびん》から、おかあさんのおっぱいを飲んだのです。

「よくやった、ウーイー！」

スタッフルームのモニターを見守っていたスタッフたちは、肩《かた》を叩《たた》き合って喜びました。

「やったー！」

誰《だれ》かがこう叫《さけ》ぶと、その声はやがてひとつになって、スタッフルームいっぱいに響《ひび》き渡《わた》りました。

保育室では、保育器を取り囲んだ飼育員の顔が、ひとりずつ明るくなっていきます。ウーイーが生きようとしています。それが伝わってくるのです。

ミルクは40分間、与《あた》え続けられました。

わずか0・8ミリリットル。たったこれだけのお母さんのおっぱいが、ウーイーの命を繋《つな》いだのです。

これは、生きるための闘《たたか》いでした。消えそうな命をなんとか保《たも》ちながら、必死に力を振《ふ》り絞って、世界最小のパンダの赤ちゃんは、ミルクを少しずつ飲んだのです。生きるために、必死にがんばったのです。

だんだんと体温も上がっていきます。青白く見えた肌《はだ》も、ようやく赤みがかったピンク色になってきました。生まれてから、すでに4時間以上が過ぎていました。

奇跡《きせき》が起きたのです。

アー、アー。

このとき初めて、ウーイーは大きな鳴き声をあげました。弱々《よわよわ》しくない、しっかりした声でした。

51グラムで生まれた未熟児《みじゅくじ》のパンダは、死神《しにがみ》の手から逃《のが》れたのです。

「ぼく、生きるよ!」

スタッフたちの心の中には、ウーイーの声が、ずっとこだましていました。

ウーイーの体温は正常値《せいじょうち》まで回復し、ようやく産室には、いつもの心地《ここち》よい緊張感《きんちょうかん》だけになりました。極度《きょくど》の緊張と興奮《こうふん》からようやく解放されたのです。ウーイーも安心したのか、スタッフたちに見守られながら、眠《ねむ》りに就《つ》きました。飼育員や獣医《じゅうい》は、それぞれの持ち場に戻《もど》りました。自宅に戻る者、仮眠室《かみんしつ》で休む者、引き続き見守る夜勤《やきん》の者。みんな、疲《つか》れています。それもそのはずです。奇珍《チージェン》が第一子の楽水《ルーシュイ》を生んでから、すでに10時間も経《た》っていたのですから。

時計は深夜3時を少し回っていました。

もちろん、一番がんばったのは、ウーイー本人です。スタッフの誰《だれ》もが、心の片隅《かたすみ》で諦めていたときも、ウーイーだけは、「ぼく、生きたい！」と必死にもがいていたのですから。

２００６年８月７日深夜。「世界で一番小さく生まれたパンダ」は、その小さな心臓《しんぞう》を、ようやくしっかりと鼓動させ始めたのです。

第二章　お母さんとの対面

飼育員《しいくいん》との二人三脚《ににんさんきゃく》

一命《いちめい》を取り留《と》めたウーイー。

その日から、飼育員との二人三脚が始まりました。51グラムで生まれてきたこの子を、すぐにお母さんの奇珍《チージェン》に戻《もど》すわけにはいかなかったのです。戻すには、あまりにも小さすぎました。

ベテラン飼育員、ホウおばさんを中心にした「51（ウーイー）チーム」は、奇珍のお乳獲得《ちちかくとく》作戦を続けました。自分の力でおっぱいが吸えるようになるまで、人工保育器《じんこうほいくき》の中で育てることにしたのです。

飼育員の仕事は、とても大変な仕事です。

飼育員は、大学で動物のことを学んできた専門家です。パンダが好きで好きでたまらない人たちが、中国各地から集まってきているのです（日本からやっててきた飼育員もいました！）。

通常の勤務《きんむ》は、早番《はやばん》と遅番《おそばん》に分かれています。早番は、朝8時から夕方4時半まで。遅番は朝9時半から夕方6時まで。1日8時間の勤務です。

飼育員は、パンダの写真が大きく貼《は》ってある、専用の通勤《つうきん》バスで通ってきます。バスの中で、おしゃべりする人はひとりもいません。みんな、へとへとに疲《つか》れているので、バスの中でも眠《ねむ》っているのです。

パンダ基地に着くと、すぐに作業着に着替《きが》え、夜勤《やきん》の人と交替《こうたい》します。夜勤は三交替制になっていて、夕方4時から朝8時まで、必ず誰《だれ》かがパンダを見守るようにしているのです。特にウーイーのいる保育室には、常時2人以上の飼育員がスタンバイしています。

飼育員のために、仮眠室《かみんしつ》も用意されています。ウーイーのいる「太陽分娩室《たいようぶんべんしつ》」には、広さ20平方メートルの部屋が、男性用が2つ、女性用が3つあります。夜勤の人はそこで寝泊《ねと》まりするのです。

朝は、パンダの部屋の掃除《そうじ》から始まります。食べ残した笹《ささ》などを集めるのです。大人《おとな》のパンダは1日10キロ以上の笹を食べますが、柔《やわ》らかい部分を選《え》り好んで食べるので、ゴミもそれだけ多いのです。

それをゴミ袋《ぶくろ》に詰《つ》め、リアカーでゴミ捨て場まで運びます。とても重労働で、新しく入った飼育員は、1年経《た》たないうちに半数がやめてしまいます。せっかくなりたくてなった飼育員ですが、つらさに耐《た》えられなかったのです。

体がきついだけではありません。飼育員は、自分たちの生活もパンダに合わせています。

結婚している女性の飼育員は、自分も子どもを生みたいと考えます。でも、好きなときに生めるわけではないのです。

パンダの出産は、7月から9月半ばまで。飼育員たちがもっとも神経《しんけい》をすり減《へ》らす期間です。通常よりも夜勤の人数が増え、パンダ基地内は緊張《きんちょう》に包まれています。

もしこの期間に、自分の子どもが生まれてしまったらどうでしょう？　出産ならば仕事を休まなければなりませんし、出産後もしばらくは入院が必要です。自分が担当するパンダを、放《ほう》っておくことになってしまうのです。

だから飼育員は、夏に自分の子どもを生まないようにします。自分たちのことは後回しにして、パンダのために尽《つ》くすのです。

あるベテラン飼育員に、聞きました。この飼育員は、30年以上、パンダに関《かか》わっています。

「どうしてそこまでパンダのために尽くすの？」

そしたら間《ま》を置かずにこんな答えが返ってきました。

「だって、パンダが好きだから！」

でもこの飼育員のひとり息子は、今でもお母さんを許《ゆる》していません。だってお母さんは、ボクが小さいときに、パンダのことばっかり見ていたから。ボクが寂《さび》しいとき、お母さんは家にいてくれたことがなかった。ボクはおばあちゃんに育てられたんだ。

お母さんのことを尋ねると、愚痴《ぐち》ばかりが返ってきました。

この方は、30歳《さい》を過ぎ、結婚もしていますが、子どもはいません。

「子どもを育てる自信がないんです。母の愛を知らないで育ちましたから。生まれてくる子を不幸にしたくないから、自分は子どもを一生つくらないと決めたんです」

ベテラン飼育員は、息子がそう思っていることを知りません。


パンダに尽くすのは、新米《しんまい》だって同じです。

奇珍《チージェン》の担当飼育員、陳 波《チェン・ボウ》さんはこのとき、25歳。

ウーイーが生まれた年は、産室《さんしつ》に配属《はいぞく》されたばかりで、パンダの出産自体、初めての経験でした。だから、右も左もわかりません。ただ一生懸命《いっしょうけんめい》やるだけでした。

一方、プライベートでは熱烈恋愛中《ねつれつれんあいちゅう》。もちろん、ウーイーが生まれてからはデートだってままなりません。陳波さんにそんな精神的余裕《よゆう》も時間的なゆとりもありません。1か月に一度は顔を出していた実家にも帰らず、この1年間はパンダ基地に張《は》り付いていました。当然、デートもゼロ。この夏は、一度も会うことができなかったそうです。それでも、陳さんの彼女《かのじょ》は、同じ飼育員だったので、そんな彼《かれ》を理解してくれました。現在は幸せな家庭を築いているそうです。

もちろん、自分自身のことだって、後回しです。

ウーイーに哺乳瓶《ほにゅうびん》からお母さんの初乳《しょにゅう》を飲ませた黄祥明《ファン・シャンミン》さんは、長時間、献身的《けんしんてき》にウーイーを世話していたせいで、首と腰《こし》を悪くしてしまいました。同じ中腰の姿勢のまま、保育器にへばりついていたからです。ウーイーの状態が安定した4か月後、ようやく黄さんは病院に行きましたが、そのまま入院を余儀《よぎ》なくされるほどの重症《じゅうしょう》だったそうです。

われらがウーイーは、こんな優しい飼育員たちに見守られながら、ちょっとずつちょっとずつ育っていきました。ネズミ用の哺乳瓶から、一生懸命、お母さんのおっぱいを飲んでいたのです。

ウーイーは飼育員たちから愛情をたっぷり注《そそ》がれて育ちました。でも、まだお母さんには会えていません。自分のお母さんが誰かも知りません。だって、一度も抱かれたことがないのですから。

このとき、ウーイーは何を考えていたのでしょうか？

「ぼくにはお母さんなんていらない」

こんなふうに叫《さけ》んでいたのでしょうか？

それとも、

「早くお母さんに会いたい！」

と叫んでいたのでしょうか。

それとも飼育員のことをお母さんだと思っていたのでしょうか。

もしかしたら、お母さんがいることすら、ウーイー本人は知らなかったのかもしれません。

ウーイーの目の周りの皮膚《ひふ》や耳は、だんだんと黒くなっていきました。少しずつですが、パンダらしくなってきています。よく見ると、前足や肩《かた》のあたりもうっすらと黒くなり、逆に胴体《どうたい》は白っぽくなっています。成長の証《あかし》でした。

奇珍《チージェン》の悲しい過去

9日間が過ぎました。

ウーイーが哺乳瓶《ほにゅうびん》を吸《す》う力も強くなりました。哺乳瓶はもう、ネズミ用ではありません。赤ちゃんパンダ用の一回り大きいものです。

ウーイーの体重は79グラム。

あんなに小さく生まれたウーイーが（もちろん、他《ほか》の赤ちゃんと比べるとやっぱり小さかったのですが)、兄や従兄弟《いとこ》たちみんなに追いつこうとしていたのです。

「ウーイーがもっと成長するためには、お母さんの愛が必要だ」

ベテラン飼育員《しいくいん》の黄祥明《ファン・シャンミン》さんはそう考えました。

人間と同じように、パンダにも「お母さんの愛情」が必要なのです。お母さんの奇珍《チージェン》のおっぱいも、薄《うす》い緑色から、クリーム色に変わろうとしていました。

「よし、ウーイーをお母さんの奇珍の元に連れていこう」

張志和《ジャン・ツーフー》主任が決断しました。

飼育員の陳波《チェン・ボウ》さんが、タオルでくるんだウーイーを、お母さんの待つ産室《さんしつ》まで運びます。

「奇珍はウーイーをわが子と認めるだろうか?」

「奇珍はウーイーを抱きしめるだろうか?」

みんなの中に、不安がよぎります。

奇珍自身、お母さんに捨てられた経験を持っていました。

それは1999年の秋のことでした。

この年の9月、5歳《さい》の梅梅《メイメイ》は初産《ういざん》を迎《むか》えようとしていました。

そして哈蘭《ハーラン》との間にできた初めての子ども――奇珍が生まれ落ちます。

ところが梅梅は、産毛《うぶげ》に覆《おお》われたピンク色の赤ちゃんを見ると、すっかり驚《おどろ》いてしまったのです。

子宮《しきゅう》から生まれ落ち、産室のコンクリートの上を這《は》っているわが子を、母親を求めて「アー、アー」と大声を上げているわが子を、こともあろうに、上から手で叩《たた》き始めてしまいました。

「梅梅、やめて!」

飼育員が必死に叫びます。気が立っているパンダのそばに近づくのは、飼育員でも危険です。

「やるしかない」

ひとりの飼育員が意を決して産室の中に飛び込《こ》みました。赤ちゃんをつかむと、檻《おり》の外に大急ぎで逃《に》げ出します。

すると梅梅から、もう1頭の赤ちゃんが生まれ落ちました。奇珍の妹、奇縁《チーユェン》です。飼育員が顔を見合わせたそのとき、なんと梅梅は赤ん坊の奇縁を抱きかかえたのです。とても愛《いと》おしそうに。

最初の赤ちゃんのときは気が動転《どうてん》した梅梅ですが、2番目の赤ちゃんのときは、落ち着くことができたのです。このあと梅梅は、合わせて9頭もの赤ちゃんを生みますが、おかしな行動をとったのは、最初の子ども——奇珍《チージェン》のときだけでした。

一方、飼育員によって助け出された奇珍は、手術台《しゅじゅつだい》の上にいました。ピンク色の肌は、血だらけでした。叩かれたせいで、肌が裂《さ》けていたのです。息絶《いきた》える寸前でした。

緊急手術《きんきゅうしゅじゅつ》です。獣医《じゅうい》の蘭景超《ラン・ジンチャオ》さんによる手術が始まりました。

飼育員たちは心の中で叫びました。

「がんばれ！　がんばれ！」

蘭獣医の必死の治療《ちりょう》によって、奇珍は一命《いちめい》を取り留《と》めました。お腹《なか》の傷口《きずぐち》は、7針も縫《ぬ》うほどの重傷《じゅうしょう》でした。


奇珍にはそんな過去がありました。しかも新米《しんまい》ママです。新米ママの中には、生まれ落ちた小さな固まり――ピンク色の赤ちゃんに恐《おそ》れをなしてしまい、育《いく》児放棄《じほうき》する例もあるのです。

ましてやウーイーは、一度見捨てた子です。見向きもしなかった子です。自分の生んだ子だとわかるでしょうか。

お母さんになった奇珍《チージェン》

搾乳《さくにゅう》のときと同じ要領《ようりょう》で、奇珍に大好物のハチミツが与《あた》えられました。その間に、兄の楽水《ルーシュイ》を引き離《はな》します。楽水はしばらく、保育室《ほいくしつ》で休憩《きゅうけい》です。

奇珍の目の前に、ウーイーを置きました。

驚《おどろ》いたのか、ウーイーは一瞬《いっしゅん》、固まっています。それでも勇気を振《ふ》り絞《しぼ》って、アーアーと鳴きました。小さい体から力いっぱいの声で。

「奇珍、抱いてあげて!」

飼育員《しいくいん》たちが心の中で叫《さけ》びました。

奇珍がまっすぐに近づきます。

もし叩《たた》かれたら、すぐに助け出さないといけません。緊張《きんちょう》の一瞬です。

奇珍だけは、そんな緊張とは無縁《むえん》でした。奇珍はやっぱりお母さんでした。

9頭も出産した偉大《いだい》なママ、梅梅《メイメイ》の一番目の娘でした。

何のためらいもなく、ウーイーをくわえると、そのままどしっと腰《こし》を下ろし、ウーイーを抱きかかえたのです！

飼育員たちは顔を見合わせて、うなずき合いました。取り越《こ》し苦労だったのです。中には、目に涙《なみだ》をためている飼育員もいます。ウーイーが、お母さんに認められたのです。

奇珍は長い間抱きしめていました。

いったい、どんな会話をしていたのでしょうか？

いいえ、会話など必要ないのかもしれません。胸で抱きしめるだけです。そして、自分の鼓動《こどう》をウーイーに聞かせるだけです。それだけで何かがウーイーに伝わったのです。

ウーイーが初めて感じた、お母さんの温《あたた》かさでした。

それは、どんなフワフワタオルより、気持ちのいい感覚でした。小さい体全体が、心地《ここち》よさに包まれました。

「なんて気持ちいいんだろう?」

ウーイーはきっと驚いていたに違《ちが》いありません。だって、今まで経験したことのない感覚だったのですから。

奇珍はやがて、愛情たっぷりに、ウーイーをなめ始めました。ここにようやく、新しい親子が誕生《たんじょう》したのです。

それからは、兄の楽水《ルーシュイ》と弟のウーイーが、交替《こうたい》でお母さんに甘《あま》えられるようになりました。他《ほか》の双子《ふたご》の赤ちゃんと同じ扱《あつか》いです。

お母さんの愛を感じることができたせいなのでしょうか? それからのウーイーは、みるみる育っていきました。

生後《せいご》12日目には100グラムを超《こ》えました。

14日目には143グラム。やっと、兄の楽水《ルーシュイ》が生まれたときと同じくらいの体重になりました。

翌15日目には155グラム。16日目に199グラム。体はちょっと灰色がかり、目や耳も黒っぽくなってきました。パンダ基地の誰もが目を見張《みは》る成長スピードでした。

パンダ基地では、双子の赤ちゃんでもお母さんの愛情をたくさん受けられるように、「交換《こうかん》方式」で飼育しています。お母さんパンダが食事をしている隙《すき》に、赤ちゃんを入れ替《か》えるのです。つまり、保育器《ほいくき》とお母さんの胸を、兄弟で、交替で行ったり来たりするわけです。

お母さんに抱かれていないときは、赤ちゃんは保育室にいます。飼育員が臨時のお母さんになります。飼育員が赤ちゃんから目を離《はな》すことはありません。常に、見守られているのです。

パンダの出産の50％は、双子だと言われています。自然界では、そのうち1頭を選び、もう1頭は捨ててしまいます。とても厳《きび》しい現実です。自然界では、

2頭いっぺんに育てることができないのです。

しかしパンダは、絶滅《ぜつめつ》が危惧《きぐ》される貴重《きちょう》な動物です。繁殖《はんしょく》を目的にしたこのパンダ基地では、2頭を同時に育てられるよう、いろいろと考えているのです。

そのひとつが兄弟の「交換方式」。5〜6時間をワンセットにして、それを交互《こうご》に繰り返します。こうすると赤ちゃんは、均等《きんとう》にお母さんの愛情を受けることができます。

赤ちゃんはお母さんに抱かれながら、お母さんのおっぱいを、1日平均5〜6回飲みます。この回数は、成長とともに減《へ》っていきます。1回に飲む量は、100〜300ミリリットルです。

パンダのお母さんの愛情はとても深く、見ていて驚くほどです。だって、食事中も、赤ちゃんがウンチをしている最中《さいちゅう》だって、かたときも赤ちゃんを離さないのですから。

飼育員はちょっぴり、ウーイーに協力しました。

お母さんの胸に抱かれたウーイーと、兄の楽水《ルーシュイ》を交替しなければならないとき、飼育員はウーイーの抱かれている時間を長くしてあげたのです。例えば、お兄さんが5時間一緒《いっしょ》にいたら、ウーイーはそれより1時間余計《よけい》に親子水入《みずい》らずでいました。それが成長を促《うなが》すと考えていました。

「もっと抱かれていたいよう！」

と鳴いたら、笑って許《ゆる》してあげたのです。ウーイーは甘えんぼさんに育ちました。

母の愛とミルクで、ウーイーはすくすくと育っていきました。

「え？　あれがあのおチビちゃんだったウーイーなの？」

別のパンダを担当している飼育員は、保育室の中のウーイーを見ると、みんな一様《いちよう》に驚きました。食欲旺盛《しょくよくおうせい》のウーイーは、同じ年に生まれた他の赤ちゃんよりも、成長スピードが速かったのです。

生後20日を過ぎると、ようやく白と黒のコントラストがはっきりつき始めます。

でもまだまだ赤ちゃんです。だって、自分でウンチができないのですから。お母さんパンダは、赤ちゃんパンダのお尻《しり》とオチンチンの間を、舌でペロペロなめてあげます。ここを刺激《しげき》してあげないと、ウンチが出てこないのです。

すると赤ちゃんパンダは、

「ヘェン、ヘェン」

と気持ちよさそうな声を出します。ウンチの合図《あいず》です。お母さんパンダは、そのウンチを食べてしまいます。

保育室にいるときには、お母さんの代わりを飼育員がします。湿《しめ》った脱脂綿《だっしめん》で、お母さんと同じように刺激してあげるのです。

ウンチといっても人間のように1日1~2度すれば済むわけではありませ

ん。生後1か月まではなんと1時間ごとにウンチをします。そのあとは、生後4か月ぐらいまで、3〜4時間に1度。このあたりまでは、誰《だれ》かの手助けが必要です。赤ちゃんパンダは、自分ひとりでは生きることができない生き物なのです。

生後4か月以降は、5時間に1度になります。成長していくにつれ、だんだんとウンチもひとりでできるようになっていきます。それでも人間に比べたら、頻繁《ひんぱん》にウンチをしていることになります。

パンダの赤ちゃんの目が見えるようになるのは、生まれてから40〜50日後です。60日経《た》つと、ようやく耳が聞こえるようになります。このころになると、運動量もぐっと増え、自分の足で蹴《け》ったり、這《は》い回ったり、大きなあくびをしたり、ちょろちょろと動き回るようになります。

それでもまだ完全ではありません。自分の目と耳からの情報をしっかり認識するようになるまでには、90日かかるのです。90日経つと、前足で体を支えられるようになってきます。後ろ足で立ち上がるのは、もうすぐです。

ですからこのころまで、お母さんにべったりというわけです。もちろんウーイーもお母さんの奇珍《チージェン》にたっぷり甘えていました。兄の楽水《ルーシュイ》と半分半分だったのが、内心、不満だったのかもしれませんが……。

生まれてから4か月も過ぎると、ようやくひとりで歩き回るようになります。立つことだってできます。

ウーイーの仲間たち

世界で一番小さく生まれたウーイーも、兄たちに負けずに目いっぱい、動くようになりました。といっても、もっぱら保育室《ほいくしつ》にあるケージの中。人間の赤ちゃんが寝《ね》るベビーベッドのような、ケージに囲まれた小さな世界が、彼《かれ》らの居場所《いばしょ》です。ここで、仲のいいパンダ同士、ゴロゴロしたり、くっつき合ったりするのです。

ウーイーには、3人の仲間がいます。

ひとりは、兄の楽水《ルーシュイ》。そして、同時期に生まれた従兄弟《いとこ》の楽山《ルーシャン》と縁小《ユエンシャオ》です。楽山《ルーシャン》と縁小《ユエンシャオ》は兄弟です。楽山がお兄さんで、縁小が弟。お母さんは奇縁《チーユエン》。そう、ウーイーたちのお母さんの奇珍《チージェン》の妹です。お姉さんの「奇」の一字をもらって、こう名づけられました。

奇縁もこの年が初産《ういざん》で、奇珍とほぼ同時期にちょっとだけ早く、双子の男の子を生みました。姉妹が24時間以内に続けて、どちらも男の子の双子を生むという珍しいケースでした。しかもお相手もまったく同じ、琳琳《リンリン》です。

4頭の中で、169グラムと一番大きく生まれてきた楽山《ルーシャン》が、この中のリーダーです。ちびっこウーイーが大好きで、いつも追いかけ回しています。元気だけなら、ウーイーにも負けていません。

１４５グラムと平均体重で生まれてきた兄の楽水《ルーシュイ》は、もっぱらマイペース。いろんなことに動じず、いつもゆったりしています。ウーイーは、どこかでお兄さんのことを気にしています。お母さんを取り合うライバルだと考えているのでしょうか。楽水の近くに行くけれど、他《ほか》の兄弟のように、ベタベタしません。お兄さんもそんなウーイーに、あっさりした態度《たいど》で接しているように見えます。

３頭の中では、一番チビスケの縁小《ユエンシャオ》。１１９グラムでした。それでもウーイーの倍以上です。とても優しい子で、平和主義者です。そしてちょっとだけ臆病《おくびょう》です。どこかで頼《たの》もしいウーイーを頼《たよ》っているようなところがあります。優しいからこそ、この後大変な目にあうのですが、それはもうちょっと経《た》ってからのお話です。

ウーイーはこの中で、一番のいたずらっ子。しかもちょっとひねくれ者。体格もどんどん追いついてきて、周囲にも遠慮《えんりょ》はしません。物怖《ものお》じしないのです。

他の3頭は、他のパンダと同じようにうつぶせになって寝《ね》るのですが、ちょっとひねくれているウーイーだけは、仰向《あおむ》けに寝るのが大好き。ウーイーはどこか、やることなすこと、ちょっとだけ他のパンダと違《ちが》っていました。すでにこのころから、"あまのじゃく"だったのかもしれません。

飼育員《しいくいん》は、未熟児《みじゅくじ》で生まれてきたウーイーが、いつも心配でなりません。だから、普通《ふつう》のパンダの子どもだったら怒《おこ》るいたずらでも、我慢《がまん》していました。本当にこのまま何の問題もなく成長していくのか、誰《だれ》もが不安を感じていたのです。

従兄弟同士のせいか、この4頭は大の仲良しです。ケージの中で、何かというとじゃれ合っています。それを見ている飼育員たちの顔も、自然とほころんできます。

生後100日を過ぎてくると、毛もしっかり生《は》えそろってきて、もうどこから見てもパンダです。飼育員から見ても、性格がはっきりとわかるようになります。

保育室にいるパンダは、飼育員から順番にミルクをもらいます。ミルクが大好きで、飼育員が哺乳瓶《ほにゅうびん》を持っていると、食《く》いしん坊《ぼう》から真っ先に駆《か》けつけます。そして、飲んだ途端《とたん》にスヤスヤ……。人間の赤ちゃんと同じで、お腹《なか》がいっぱいになると、すぐに眠《ねむ》くなってしまうのです。

赤ちゃんパンダの睡眠《すいみん》時間は、何時間と決まっているわけではありません。勝手気まま。お腹がいっぱいだったら寝《ね》るし、お腹が空《す》いたら起きています。日によっても違いますし、赤ちゃんによっても違います。赤ちゃんは基本、お母さんに守られて育っていくので、どこかのんびり屋さんなんです。ウーイーは、一度寝つくと、5時間ぐらい寝ていました。

寝ること、ミルクを飲むこと、遊ぶこと、お母さんに甘《あま》えること。これがこのころの赤ちゃんパンダの仕事。これだけを思う存分《ぞんぶん》やっていれば、どんな子だってすくすく育ちます。

ミルクをもらうときに、いつも先頭争いをするのは、ウーイーです。

誰よりも小さく生まれてきたせいでしょうか。誰よりも食欲が旺盛《おうせい》です。初乳《しょにゅう》を口に入れて吐《は》いていたウーイーの姿は、もうどこにもありません。

「誰よりも大きくなってやるんだ！」

そんな堂々《どうどう》とした、どこかふてぶてしい態度《たいど》で、ウーイーは、哺乳瓶からミルクを飲みます。

ケージを乗り越《こ》えようとするのもウーイーです。ウーイーは好奇心《こうきしん》いっぱいで、仲間たちと一緒《いっしょ》にゴロゴロしているよりは、冒険《ぼうけん》を好みます。

だからじっとしていません。

幼稚園《ようちえん》にあがる直前のことです。

パンダの赤ちゃんは、毎日体重をはかります。体重の増減《ぞうげん》で健康をチェックしているのです。じっとしていることが大嫌《だいきら》いなウーイーは、大人《おとな》しく体重計に乗ってくれません。だから飼育員はひと苦労です。他のパンダは、きちんと言われたとおりにするというのに、ウーイーだけが飼育員に反抗《はんこう》するのです。

その日も、ウーイーの体重をはかるのに、数人がかりで苦労していました。するとそのとき、飼育員の陳《チェン》さんの携帯《けいたい》が鳴りました。着《ちゃく》メロです。

するとどうでしょう。ウーイーが大人しいのです。

「あれ？　ウーイーが音楽を聞いているみたい！」

どうやら、じっと耳を澄《す》ませているようなのです。

「これは使えるかもしれないぞ」

それから、ウーイーが体重をはかるときは、さまざまな音楽が流されました。

大成功です！　ウーイーは前よりもじっとしているようになりました。

なぜかウーイーの好みは渋《しぶ》く、明るくポップな曲調よりも、日本の演歌《えんか》の曲調に似た、哀切《あいせつ》なメロディのほうが大人しくなります。そのほうが聴《き》き入るのです。

試しに日本の音楽も流してみたところ、一番のお気に入りは、中島《なかじま》みゆきだったそうです。

それ以来、しばらくの間、ウーイーの体重測定《そくてい》には、音楽が欠かせなくなったそうです。

こうして、ウーイーたち赤ちゃんパンダは、お母さんのところと、保育室を行ったり来たりしながら、成長していきました。

ウーイーももうすぐ幼稚園です。

第三章　パンダ幼稚園

ウーイーのおばあちゃんとひいおばあちゃん

ウーイーが生まれて半年が過ぎようとしていました。

ここパンダ基地では、生まれてから6か月を経たパンダは、お母さんから引き離《はな》されます。乳離《ちちばな》れさせるのです。

ウーイーにもお母さんとの別れの時期が迫《せま》っていました。


自然界では、パンダの親離れは1歳《さい》半から2歳の間です。危険でいっぱいの自然界では、本当にひとり立ちするまで、お母さんの元を離れては、暮らしていけないのです。

お母さんとの一緒《いっしょ》の時間は、学びの時間でもあります。

例えば、木登りの方法。危険を避《さ》ける方法。おいしい竹の葉の見分け方。飲み水の探し方。雨宿《あまやど》りする場所の選び方……。赤ちゃんパンダは、生きていくための基本を、お母さんのそばで、お母さんをじっと見ながら学びます。これは、赤ちゃんパンダにとって大切な時間です。パンダは本能だけで行動しているのではなく、母から子へ、生き方を伝授《でんじゅ》しているのです。

しかしパンダ基地ではそういきません。恋《こい》の季節が近づいてきているからです。山々の雪が溶《と》け始める2月になると、パンダの恋の季節の始まりです。春の間――5月ごろまで発情《はつじょう》期間が続き、カップルが成立すると、夏に赤ちゃんが生まれます。

赤ちゃんを生んだメスのパンダは、パンダ基地にとっても大切なパンダです。どのメスでも、うまく妊娠《にんしん》し、出産するとは限らないからです。むしろ、うまくいかないメスのほうが多いのです。

だから赤ちゃんを生んだメスは、次の年の恋の季節には、子育てが終わっていなければなりません。子どもを育てているメスは、恋をしないからです。

8月に赤ちゃんを生んだメスが、半年間、自分の子どもと一緒に過ごしたとします。するともう2月です。そう、発情の時期です。メスパンダは1か月くらい休息を取ると、オスとのお見合いが始まるのです。

もちろん、ウーイーのお母さん、奇珍《チージェン》も例外ではありません。なにせ彼女《かのじょ》は、9頭も生んだ偉大なお母さんパンダ、梅梅《メイメイ》の娘なのです。

梅梅は、パンダ基地にとって、人工繁殖《じんこうはんしょく》の象徴的《しょうちょうてき》存在です。彼女が出産するときに行われた人工授精《じゅせい》の方法が大成功《だいせいこう》で、これによってパンダの繁殖率が、なんと30％から70％にまでアップしたのです。

この梅梅は、奇珍たちを生んだ翌年の2000年の夏に、和歌山《わかやま》の「アドベンチャーワールド」にやってきました。9頭のうち7頭は、日本で生んでいるのです（残念ながら、梅梅は2010年に亡《な》くなってしまいましたが）。

しかもこの梅梅、2つの奇跡《きせき》を起こしています。

1つは、冬の出産です。

通常パンダは、春に発情し、夏に出産します。ところがなぜか梅梅は、

2003年の冬、双子《ふたご》のパンダを生むのです。どうして彼女は冬に子どもを生めたのでしょう？　おそらく、通常よりもたくさん、お腹《なか》の中に赤ちゃんを入れていたのだと思いますが、これはいまだに解明《かいめい》されていない謎《なぞ》です。

さらに梅梅は、その双子を両腕《りょううで》に抱えて育て始めました。これが2つめの奇跡です。普通《ふつう》ならば、1頭しか抱かないところを、2頭同時に抱きかかえて、おっぱいをあげたのです。なんと強いお母さんでしょう！

梅梅は2006年にも双子を生むと、やっぱり2頭いっぺんに育てていますから、「双子の育て方」をすっかり習得《しゅうとく》してしまったのかもしれません。

梅梅のお母さん、つまりウーイーのひいおばあちゃんの冰冰《ビンビン》も、パンダ界では有名なスーパーお母さんです。梅梅は、野生捕獲《ほかく》された越越《ユウユウ》とこのスーパーお母さんとの間に生まれた子なのです。

冰冰もまた、多産のメスでした。生涯に生んだ子どもの数は9頭！　しかも2006年（ウーイーの生まれた年です）、9頭目の子どもを生んでいるのです。このとき、冰冰は20歳。人間の年に直すと、なんと80歳！　超高齢《ちょうこうれい》出産を成《な》し遂《と》げたのでした。

冰冰、梅梅と続く、強くてたくましいお母さんの系譜《けいふ》。奇珍は、パンダ基地、期待のメスでした。だから、子育てをし続けるわけにはいかなかったのです（実際ウーイーたちのあと、奇珍ママは6頭の赤ちゃんを生んでいます）。

「せっかくお母さんに抱っこしてもらえたのに！」

きっとウーイーは内心、そう思っていたことでしょう。

でも仕方ありません。絶滅危惧種《ぜつめつきぐしゅ》のパンダを繁殖させるためには、赤ちゃんをお母さんパンダから引き離し、たくさん子作りをしてもらわなければいけないのです。自然界とは異なる、人間の作った厳《きび》しいルールです。

パンダのお見合い

パンダのお見合いは、女性ペースで進みます。

恋《こい》の季節を迎《むか》えたパンダは、広い庭付きのワンルームをあてがわれます。部屋は檻《おり》で仕切られていて、メスの両隣《りょうどなり》に、オスパンダが入居《にゅうきょ》します。オスパンダは、必死にメスの気を惹《ひ》こうとします。でも、気がないメスは知らんぷり。

ウーイーのお父さんは、琳琳《リンリン》という1997年生まれのパンダです。奇珍《チージェン》より2つ年上のベテランパンダで、交尾《こうび》の成功率《せいこうりつ》はトップクラスです。ではこの琳琳と奇珍が、またカップルになるかというと、そういうわけではありません。

パンダのメスは、自分のところにやってきたオスの中から、もっとも強いパンダを選びます。一度一緒になったからとか、そんなことは関係ありません。強い種《しゅ》を残すために、そのときにもっとも強いオスを選ばねばならないのです。

自然界では、メスをめぐって、オス同士の争いが頻繁《ひんぱん》に起きます。雄叫《おたけ》びをあげ、ときには体をぶつけ合います。爪《つめ》で肉が削《けず》り取られることだってあります。勝ったほうがメスと結ばれるのですから、オスは必死です。

そのときメスはどうしているのでしょう? たいていは木の上に登って、のんびりと下界《げかい》の争いを眺《なが》めているのです。時にはわざと甘《あま》い声で鳴いたりします。

「もっとがんばりなさい!」

と、争うオスのお尻《しり》を叩《たた》いているのです。選ぶ側ですから、余裕《よゆう》なのです。

パンダ基地でも、主導権《しゅどうけん》はメスにあります。メスは、気に入ったオスがいると、お尻を向けて挑発《ちょうはつ》したり、甘い鳴き声を出したりします。日中、庭に出たときは、自分の姿をオスに見せつけることもあります。

オスは、精一杯《せいいっぱい》アピールしますが、それがうまくいくかはわかりません。

パンダの発情期《はつじょうき》は、たった3日といわれています。もちろんパンダによって時期は違《ちが》います。

ここでも決めるのはメス。メスの発情期に合わせて、オスはじっと我慢《がまん》するのです。

自然界でのメスは、３日間、同じオスを相手にすることもありますし、３頭のオスをとっかえひっかえする場合もあります。強い赤ちゃんを生むために、メスはひとりのオスを愛するなんてことはしないのです。


恋の季節は、子どもたちにとってても重要です。

自然界のパンダは、１歳《さい》半から２歳までお母さんと一緒にいますから、子離《こばな》れしたちょうどその時期が、恋の季節なのです。男の子も、女の子も、お母さんたちのすることを、かげからじっと見ています。

男の子は、闘《たたか》いの仕方と、交尾《こうび》の仕方を学びます。女の子は、男性をその気にさせる鳴き方や、交尾がうまくいく方法を学びます。いずれ大人《おとな》になったときに、役立てるためです。

ところがパンダ基地では、自然に交尾を目にするというわけにはいきません。そこで今では、事前ビデオ学習が、大人になる寸前《すんぜん》のパンダの必須《ひっす》科目になっています。

パンダの学び方はちょっと変わっていて、見ていないようで見ている、ということが多いのです。ゴロゴロしながら、目と耳だけはその方向を向いているような。

実際、子どもたちにビデオを見せると、最初は興味関心《きょうみかんしん》を示さないのですが、メスのパンダが甘い鳴き声を発すると、一斉《いっせい》にそちらを見ます。そういえば、お母さんパンダが子どもを抱きかかえるときも、やっぱり子どもの鳴き声に反応してのことでした。パンダは「声」に敏感《びんかん》に反応するのです。

来年からいよいよ繁殖《はんしょく》、ということになると、ビデオ学習は卒業して、実地《じっち》見学です。先輩《せんぱい》パンダの行動を檻《おり》の外から見せるのです。求愛《きゅうあい》の仕方や交尾の仕方……。実際の場面を、目にしたパンダは、大人になってから交尾に失敗することが少ないそうです。

ウーイー、幼稚園《ようちえん》に入る

恋《こい》の季節は、ウーイーにとって、お母さんの奇珍《チージェン》との別れの季節でした。こればかりはどうしようもありません。

ウーイーは同じ年生まれの10頭と一緒《いっしょ》に、「パンダ幼稚園」（子パンダたちのための広場）に入園しました。

幼稚園の朝は、7時に始まります。

今までのように、好きな時間に食べる、というわけにはいきません。食事は朝7時、メニューはミルクです。食べ終わったら自由時間。昼の間は、寝《ね》ていようが、遊んでいようが、自由なのです。昼間たまに、リンゴのおやつも出されます（1歳《さい》を過ぎると、タケノコもおやつのメニューに加わります）。

ウーイーの大好物はリンゴ。あればあるだけペロリ。

天気が良く、26度を上回るような気温でなかったら、パンダ幼稚園の園児たちは、運動場に出されます。ボール遊びをしたり、木馬《もくば》で遊んだり。まるで本当の幼稚園のようです。天気が悪ければ、室内で遊びます。体をいっぱい動かすことも、このころのパンダたちにとって大切なことなんです。

次の食事は夜7時。食べ終わったらやっぱり自由時間です。

幼稚園に入園したウーイーは、とにかく活動的でした。幼稚園の庭には、子どもパンダが興味《きょうみ》を持つよう、ブランコや滑《すべ》り台など、さまざまな遊具《ゆうぐ》が備え付けてあります。これに真っ先に挑《いど》んだのは、ウーイーでした。遊びはすべて、ウーイーから始まったのです。他《ほか》の子たちは、ウーイーが遊んでいる姿を見てから、真似《まね》をして遊び始めました。

本人にはそのつもりがなかったでしょうが、他の子たちから見たら、ウーイーはリーダーでした。あの小さかった子が、みんなの先頭を切って、遊び回っていたのです。

そんなウーイーのお尻をついて回っていたのが、従兄弟《いとこ》の縁小《ユエンシャオ》。食べるときも一緒。寝《ね》るときもぴったりくっついて眠《ねむ》ります。大人《おとな》しかった縁小は、自分でどんどん道を切り開いていくウーイーが頼《たの》もしかったのかもしれません。

とにかくウーイーはやんちゃでした。

「ウーイー、やめないさい！」

飼育員《しいくいん》から怒《おこ》られるのは、だからいつも決まってウーイーでした。腕白《わんぱく》が過ぎるのです。

他の子を後ろから突《つ》き飛ばしたり、池に落としたり。もうやりたい放題《ほうだい》。

いちばんの被害者は、いつも一緒にいた縁小でした。

近くに縁小がいると、座ったまま、顔や頭をベシッ。縁小がよろけて倒《たお》れてしまってもまったく平気です。また、自分の近くに来るとベシッ。せっかく寄ってきた友だちを、叩《たた》いてしまうのです。

「水場で遊ぼうよ！」

水遊びが大好きなパンダは、仲間同士で水遊びをすることが大好きです。

「一緒に転がろうよ!」

パンダは転がることも得意。前転だってできてしまいます。

でもウーイーは、友だちが遊びに誘《さそ》ってきても知らん顔。

お母さんと引き離《はな》されたウーイーは、その悲しみを消化し切れていなかったのかもしれません。ひとりで行動することはできても、誰《だれ》かと一緒だと、うまくいかないのです。寂《さび》しがり屋なのに、兄にも友だちにも、上手《じょうず》に甘《あま》えられないのです。

一方、成都《せいと》パンダ基地にいる他のパンダたちと同じように順調に育っている兄の楽水《ルーシュイ》や従兄弟の楽山《ルーシャン》は、そんなウーイーにあまり近づかないようになってきました。遊びに誘っても断られるだけなので、次第に誘わなくなったのです。

特に楽山は、幼稚園に入る前は、あんなにウーイーを追いかけ回していたというのに、今ではなんだか知らん顔です。楽水と楽山は、せわしないウーイーを尻目《しりめ》に、のんびりゆったり過ごすことのほうが多くなりました。

ウーイーだけが、どこかイライラしているようでした。


ウーイーは食い意地も張《は》っています。

パンダ幼稚園の給食の時間は、ボウルに入れたミルクが与《あた》えられます。最初のうちは、ボウルを地面に置いたまま、犬や猫《ねこ》と同じようにペロペロなめていますが、そのうちにボウルを持って、座り込《こ》みます。前足で器用《きよう》にボウルを抱え込んで、直接、飲み始めるのです。

ウーイーは誰よりも早く、飲み干《ほ》してしまいます。もちろん、ボウルはキレイになめあげ、ミルクは一滴《いってき》も残っていません。

周りを見回すと、のんびりした仲間たちは、まだ悠々《ゆうゆう》と飲んでいます。さあ、ウーイーはどうするのでしょうか?

ウーイーは片《かた》っ端《ぱし》から、目についたボウルを奪《うば》っていくのです。ミルクをなめるためです。取られた仲間たちは呆然《ぼうぜん》とするだけで、反撃《はんげき》もしません。本当にボーッと座っているだけです。何が起こったのか、わからないのかもしれません。

ウーイーの様子を見ていた私は、隣《となり》にいる飼育員に声をかけました。なんと、ウーイーが隣の子にキスをしたのです!

「すごい、ウーイーが、隣の子にキスをしていますよ! もしかして初恋ですか?」

飼育員は、やれやれといった顔で、説明してくれました。

「あれはね、ウーイーが他の子の口に付いたミルクをなめているんです。隣の子も、オスですしね。ただの食いしん坊《ぼう》ということですね」

「そんなことがあるの?」

そう思ってウーイーを観察していると、確かに次々と仲間を押《お》し倒《たお》していきます。まるで仲間とボウルを勘違《かんちが》いしているような振《ふ》る舞《ま》いです。好き勝手になめ回していきます。

ちょうどフランスから飼育員の研修に来ていたフランソワさんが、フンッと鼻を鳴らしました。

「あの子は、モンスターよ。私には理解できないわ」

おばあちゃん先生

パンダ幼稚園《ようちえん》にいる子どもたちは、みんな、同じ年生まれです。まだまだ幼い、お母さんの恋《こい》しい年頃《としごろ》です。

人間の幼稚園に、先生が必要なように、パンダ幼稚園にもそういう存在が必要です。パンダ基地では、とっておきの先生を用意しました。

ウーイーのひいおばあちゃん、冰冰《ビンビン》です。何人もの子どもたちを送り出した、伝説のベテランママです。この年、自分の子どもが、ちょうど幼稚園にいたんですね。さすがにもう出産は無理です。恋をする代わりに、先生の仕事が与《あた》えられました。竹の食べ方など、パンダの基本を園児たちに教えてあげる仕事です。

冰冰は、そこにいる全10頭のお母さんとして振《ふ》る舞《ま》いました。

まずは笹《ささ》の食べ方です。

こっちから見ると、ただ食べているだけに見えますが、これが大事です。園児たちは、見よう見真似《みまね》で、笹をムシャムシャ。でも、食べるのはまだ先です。今は一生懸命《いっしょうけんめい》、真似をしているだけです。笹を本当に食べるようになるのは、自然界だと親離《おやばな》れをした後——パンダ基地では幼稚園を卒園してからです。

続いては木登りです。実際に自分が登って見せます。

パンダたちは、みんな、冰冰のほうを見ています。寝そべっている子も、顔だけはきちんと先生のほうを向けています。何をするのか、興味津々《きょうみしんしん》なのでしょう。

冰冰が木登りを終えると、幼稚園の園児たちは、わらわらと動き始めました。

自分たちもやってみたくなったのです。めいめいに木に登り始めました。大人《おとな》パンダがやっている姿を見て、木登りの仕方がわかったのです。中にはやっぱり、登っている途中《とちゅう》でうまくいかない子もいます。そうすると冰冰は近づいていって、頭でその子のお尻《しり》を押《お》してあげます。

「ほら、もうちょっとだよ。その上の木を掴《つか》んで！　そう、その調子」

冰冰の叱咤激励《しったげきれい》が、こっちまで聞こえてくるようでした。

このとき、ウーイーはどうしていたと思いますか？

腕白坊主《わんぱくぼうず》でやりたい放題《ほうだい》のウーイーは、なんと幼稚園児にして授業のボイコット。ひとりだけプイッとお尻を向けると、ひいおばあちゃんの冰冰を見ようともしなかったのです。他《ほか》の9頭が、じっと冰冰を見ているというのに、ウーイーだけが無視したのです。

ウーイーは、まだボーッとしている仲間に比べて、はっきりと自分が自分であることを理解していました。

小さいころから「ウーイー」と呼ばれ続けていたウーイーは、まだ生まれてから半年過ぎただけだというのに、自分の名前が「ウーイー」だということも、ちゃんとわかっていました。

あるとき、飼育員《しいくいん》が、間違《まちが》えて他の子をウーイーと呼んでしまいました。ベテラン飼育員は、パンダの顔を見分けてしまうと言いますが、それでも、たまには間違うことがあるのです。

近くにいたウーイーは、すかさず前足で飼育員をベシッ。

「他の子と一緒《いっしょ》にするな！」

「ウーイーはぼくだ！」

そう怒《おこ》ったのです。

こんなふうに、自分の名前を間違えられて怒るのは、ウーイーだけです。ウーイーは他の子と違って、自意識《じいしき》が強いのです。

そんなウーイーだから、先生の言うことも無視します。たとえ血の繋《つな》がったひいおばあちゃんの言うことでも、聞きたくないのです。

「ぼくは勝手にやりたいんだ!」

そう言い切っているかのような、単独《たんどく》行動でした。


さあ、困りました。冰冰はどうするのでしょう?

勝手気ままにさまよっているウーイーに、冰冰がそうっと近づいていきました。どうやら、何としてでも木登りをさせようと考えているようです。

冰冰は気づかれないようにウーイーの後ろに回り込《こ》むと、木に向かってウーイーのお尻を押し始めました。

ウーイーは両足を踏《ふ》ん張《ば》って必死に抵抗《ていこう》します。

「お前の言うことなんて聞くもんか!」

と、駄々《だだ》をこねているようです。

しかし1歳《さい》にもならない子パンダが、20歳の大人パンダにかなうわけもありません。

「やめてよ！ やめてよ」

ウーイーの必死の抵抗もかなわず、冰冰にズルズルと押されていきました。

木の下についても、まだウーイーはイヤイヤをしています。冰冰はかまわず、ウーイーのお尻を押し続けます。ようやく諦《あきら》めたのか、ウーイーが渋々《しぶしぶ》登っていきます。ウーイー初めての木登り体験でした。

さすが、ベテランママの冰冰先生です。駄々《だだ》っ子の扱《あつか》いにも慣れています。

さてそれからのウーイーは、あれほど嫌《いや》がっていた木登りの虜《とりこ》になってしまいました。それも飼育員が呆《あき》れるほど……。

木登り名人、ウーイー

昼間、広場で遊んでいる子パンダたちも、夕方になるとケージの中に戻《もど》されます。特に春先はまだ風も冷たく、夜になると山あいの街の成都《せいと》は、急に冷え込み、10度以下になります。時には季節外《はず》れの雪が降ることだってあります。

子パンダたちは、飼育員《しいくいん》に言われると、大人《おとな》しくケージのある建物に帰っていきます。みんな、聞き分けがいいのです。

ところがウーイーだけはどんなに呼んでも帰ってきません。

どこにいると思いますか？

ウーイーはたったひとり、高い木のてっぺんに登ったきり、降りてこないのです。

飼育員たちは木の下からウーイーを呼びます。時には、ミルクを入れるボウルを叩《たた》きます。

「食事の時間だよ。だから帰っておいで」

と呼びかけているのです。

でもウーイーは知らんぷり。飼育員を見向きもしません。

木登りパンダのお迎え名人、陳波《チェン・ボウ》さんの出番です。

飼育員の陳さんは、するするっと木に登り、ウーイーを引きずり降ろしました。なんとも手のかかるウーイーです。それが毎日のように繰《く》り返されるんですから!

そんなことを繰り返していたある日、とうとう、ウーイーは風邪《かぜ》を引いてしまいました。鼻水が両穴からダラーッとたれています。飼育員はため息をつくと、ウーイーを隔離《かくり》しました。他《ほか》の子に病気を移してしまうと大変だからです。

ウーイーには、薬入りのハチミツが与《あた》えられました。食いしん坊《ぼう》だから、もちろん大喜びで食べます。

でも、翌朝、他の子たちが外で遊んでいるのに、ウーイーだけは外出禁止。

外に出たいウーイーはずーっと怒《おこ》りっぱなし。イライラを飼育員の陳さんにぶつけていました。陳さんを見つけると、体当たりをしようとするのです。この人が自分の行動を制限していることを、頭のいいウーイーはわかっているのです。

数日して、ようやく風邪が治りました。ウーイー、久々《ひさびさ》の外出です。元気いっぱい、外ではしゃぎ回りました。

そしてその日の夕方。ケージに帰る時間です。

他の子たちは大人しく戻《もど》ってきます。全部で9頭。1頭足りません。やっぱりウーイーです。

飼育員総出《そうで》で探しに行きます。病《や》み上がりですから、飼育員はウーイーのことが心配です。

「ウーイー、どこにいるの?」

「ウーイー、帰っておいで!」

飼育員の陳さんが、ウーイーを見つけました。ウーイーはまたまた、木の上にいたのです。

「もういい加減《かげん》にしなさい、ウーイー」

飼育員の声も、心配を通り越《こ》して、ちょっと怒っています。

「懲《こ》りない子ね」

「なんて強情《ごうじょう》な子だろう」

飼育員は口々に愚痴《ぐち》りますが、ウーイーはひとり平気な顔。

ウーイーは木からの眺《なが》めが大好きなのです。幼稚園《ようちえん》で一番高い木が、彼の特等席《とくとうせき》です。

ここにいる限り、ひとりきりになれました。

「仲間なんていらない。ぼくはひとりで生きていく」

そう宣言《せんげん》しているようでした。

実際、昼間のウーイーも、仲間たちから離れて、ひとりでいることが多くなっていたのです。兄や従兄弟《いとこ》たちが寄ってきても知らんぷり。

心配したベテラン飼育員のホウおばさんは、このままではいけないと考え、楽山《ルーシャン》や楽水《ルーシュイ》を抱きかかえると、ウーイーのそばにポーンと放り投げます。突然飛んできた友だちに、さすがのウーイーも無視できません。男の子同士の取っ組み合いがはじまります。そうでもしないとウーイーは、じゃれあうこともしないのです。

それどころか、他の子がお気に入りの木に登っていると、途端《とたん》に腹を立て、引きずりお下ろしてしまいます。ウーイーは、なんでも一番でないと、気がすまないのでした。一番小さく生まれてきたウーイーは、「一番」であることに、こだわっていたのかもしれません。

従兄弟の緑小《ユエンシャオ》は、それでもウーイーが大好きです。ウーイーの良き理解者です。

「一緒《いっしょ》に水場で遊ぼうよ！」

いつも誘《さそ》いに来るのですが、やっぱり知らんぷり。誘いに乗ったときでも、ベシッベシッと、やっぱり叩《たた》いています。ひとりで木にいるところを誘いに来られた場合は、蹴落《けお》とすことだってあります。

ウーイーはひとりでいたいのです。それがなぜかは、ウーイー本人もわかっていません。

やがて夏が来て、秋にさしかかっても、ウーイーの腕白坊主《わんぱくぼうず》ぶりは収まりませんでした。イライラしているのが、飼育員の目から見てもはっきりとわかります。

唯一《ゆいいつ》、お利口《りこう》になるのは、観光客と写真を撮《と》るときだけです。大好きなリンゴがもらえるとわかっているので、誰《だれ》よりもお利口なパンダを上手《じょうず》に演じるのです。

神経質《しんけいしつ》な子パンダだと撮影はうまくいきません。お客さんから触《さわ》られると、逃げようとしたり、そっぽを向いたりしてしまうのです。

でもウーイーは、じっとしています。お利口にしているので、飼育員も写真撮影のときは、ウーイーにお願いしようと考えます。ウーイーはそれがわかっているのです。彼《かれ》には、生きていくために考える頭がありました。

でも言うことを聞くのは、写真撮影のときだけです。リンゴをもらうと、元のわがままウーイーに戻ってしまいます。そうじゃないときに出されたリンゴは、仲間の分も横取りして食べてしまうのです。

そのせいかわかりませんが、体は大きくなりました。幼稚園卒園直前には、42キロになっていました。他の子と比べても、引けを取りません。そんなウーイーですが、その分、目にあまる行動も増えてきました。

「ウーイーはまだ1歳《さい》。自然界だったら、まだお母さんに甘《あま》えている年齢《ねんれい》だものな」

「生まれてからしばらく、お母さんに抱かれなかった子だから、お母さんの愛情が不足しているのかもしれない」

パンダ幼稚園担当の飼育員の間では、ウーイーのことを話し合うことが多くなりました。みんな、世界で一番小さく生まれたウーイーのことを、心配していたのです。

せっかく授《さず》かった命なのです。もしかしたら、この世になかった命なのです。でも神さまは、ウーイーに生きることを命じました。

だったら、幸せにしてあげたい。

成都パンダ基地のスタッフ全員の思いでした。

第四章　大人への準備

「お母さんはぼくを見捨てたの?」

山々の木々が色づき始め、秋も終わりに近づいていました。冬の匂《にお》いがあちこちに感じられます。

子パンダたちにとっては、仲間とのお別れの季節です。

ここ「パンダ幼稚園《ようちえん》」を卒園し、今度は、「青年パンダケージ」に移るのです。10頭は3つのグループに分けられ、集団生活から、3~5頭の生活に変わるのです。

「青年パンダケージ」の庭には、おもちゃや遊具《ゆうぐ》もありません。より、自然に近づけた環境《かんきょう》に変わるのです。主食も、ミルクから笹《ささ》へと変わります。ここで、パンダたちは、大人《おとな》になる準備を始めます。

ウーイーは、兄の楽水《ルーシュイ》、従兄弟《いとこ》の楽山《ルーシャン》と縁小《ユエンシャオ》の4頭で暮らすことになりました。ウーイーのせいで、仲良し4人組……とは言い難くなっていましたが、それでもウーイーとうまくやれるのは、この3頭しかいなかったのです。年が明ければ、生まれてから1歳《さい》半になるのです。自然界でも親離《おやばな》れの時期です。だからこそ、このときに合わせて、「青年パンダケージ」に移るのです。幼稚園で暮らすのも、もうあとわずかです。

赤ちゃんの頃《ころ》からウーイーを見てきた飼育員《しいくいん》の黄《ファン・》祥《シャン》明《ミン》さんは、ひとつの決断をしようとしていました。自然界と同じように、実際にお母さんとのお別れをさせてあげよう。そう考えたのです。

ウーイーにはお母さんが必要でした。

ウーイーは、何も言わずに抱きしめてくれるお母さんを求めていました。もしかしたらウーイーは、木の上にひとり登りながら、お母さんを必死に探していたのかもしれません。

でも見つからない。会えない。イライラは募《つの》ります。そのイライラは兄や従兄弟たちにぶつけられました。そんなことでは解消されないのはわかっているのに。

太陽分娩室《たいようぶんべんしつ》から、お母さんの奇珍《チージェン》が呼ばれました。幼稚園の広場からは、他《ほか》の子たちが早めに引き揚《あ》げられました。今、広場にいるのは、ウーイーと兄の楽水《ルーシュイ》だけです。

「奇珍、ウーイーたちとお別れをしておいで」

飼育員が奇珍に優しく声をかけました。

奇珍がゆっくり歩いていきます。

真っ先に楽水が気づきました。楽水だって、お母さんに会えなくて寂《さび》しかったのです。1年ぶりの対面です。楽水はお母さんに飛びついて甘《あま》えます。

この年、子どもを生まなかった奇珍は、お乳《ちち》が出ません。でも楽水は一生懸命《いっしょうけんめい》、おっぱいに吸《す》い付いています。赤ちゃんの気持ちに戻っているのでしょう。奇珍も40キロにまで成長したわが子を、しっかりと抱きしめています。

ウーイーはどうしているのでしょうか？

ウーイーは、母と子でじゃれているのを無視して、そのまま通り過ぎます。お母さんのこともお兄さんのことも、見ようとはしません。まるで、その場にいないかのような振《ふ》る舞《ま》いです。

ウーイーは２頭から遠く離《はな》れたところに背を向けて座り込《こ》みました。

その様子を飼育員が心配そうに見つめていました。これでは奇珍を連れてきた意味がありません。

「ウーイー、お母さんだよ。ずっと会いたがっていたお母さんだよ。そんなに意地を張らないで、甘えておいで。もう二度と会えないんだよ」

飼育員はウーイーに語りかけました。もちろん聞こえてはいません。でも言わずにはいられなかったのです。

長い時間が過ぎました。

それまで楽水に甘えさせていた奇珍が動き始めました。

「あなたはここにいなさい」

楽水にそんなふうに言ったのでしょうか？　楽水はお母さんの後をついていきたいのをぐっと我慢《がまん》して、その場にとどまっています。

奇珍は真《ま》っ直《す》ぐ、わが子――ウーイーのもとに向かっていきます。

ウーイーはといえば、やっぱり知らん顔。木でつくられた遊具の橋の上で、ひとり遊んでいます。

奇珍が来ました。

ウーイーはそっぽを向きます。

奇珍がウーイーに触《ふ》れました。

「あっちに行けよ。何しに来たんだよ」

ウーイーがそう言っているように聞こえました。それでもお母さんは、ウーイーを触《さわ》り始めます。嫌《いや》がるウーイー。今にも逃《に》げ出しそうです。

でも、お母さんはウーイーの前足を押さえつけました。強引《ごういん》ですが、それはそれは優しさに溢《あふ》れた振る舞いでした。

ウーイーは、それでももがきます。お母さんはウーイーをしっかり押さえつけると自分もゴロンと横になりました。まるで添《そ》い寝《ね》をしているようです。

お母さんの体温が、ウーイーに伝わりました。初めて抱きしめられた、あのフワフワの心地《ここち》よさが甦《よみがえ》ってきました。

ウーイーは思わずお母さんにしがみつきました。あの時と同じように、心臓の鼓動《こどう》が伝わって来ます。

ウーイーはあのとき、自分を見てほしかったのです。生まれ落ちた自分を、お母さんに気づいてほしかったのです。

「ぼくは、ここにいるよ！　ぼくは、ここにいるよ！」

きっとそう言っていたのです。必死にもがこうとしても、もがけなかったけれど、声も出せなかったけれど、あの時必死に、お母さんを呼んでいたのです。

「もっと大きく生まれてきたら、お母さんは気づいてくれたの?」

「お母さんはぼくを見捨てたの?」

「ぼくは生きていちゃいけなかったの?」

ウーイーにはきっと、聞きたいことがいっぱいあったに違《ちが》いありません。ウーイーの無言の問いかけに、お母さんの奇珍《チージェン》はただ抱きしめるだけでした。それは、何よりも強い言葉でした。ウーイーは次第に、お母さんに体を預《あず》け始めました。

お母さんと弟を遠くから見ていた兄の楽水《ルーシュイ》が、おずおずと近づいてきました。お兄さんもお母さんの隣《となり》に、滑《すべ》り込みます。

久しぶりの親子3人です。お母さんとの最後の時間が、ゆっくりゆっくりと過ぎていきます。冬が近づいてきたことを感じさせる空気の冷たさも、ウーイーにはへっちゃらです。だって、お母さんの体温を感じていられるから。

夕方、面会の終わりです。飼育員は、3頭を室内へと連れて行きます。奇珍が突然、立ち止まりました。飼育員の陳《チェン》さんが異変《いへん》に気づきます。

「見て！　お母さんの目から涙が流れてる！」

昔からお母さんパンダは、子離れをするときに、人間のように涙を流すと言われてきました。実際に目にした人はごくわずか。ベテランのホウおばさんでさえ見たことはありません。

奇珍がくぐもった声をあげました。お母さんは、わが子ともう二度と会えないことがわかっているのでしょうか？　それとも、子どもたちの成長を喜んでいるのでしょうか？

ウーイーがお母さんに近づきます。涙をなめはじめました。何度も何度も、なめています。それはしょっぱいけれど、優しくて、懐《なつ》かしい味です。

ウーイーには、涙の意味がわかりません。ただひたすら、お母さんのために、涙をなめ続けました。

時間が来ました。飼育員が優しく、それぞれの背中を押します。3頭はそれぞれ、誰もいない部屋へと帰っていきました。

ちょっとだけですが、ウーイーは変わったように見えました。ひとりでいることよりも、兄たちと遊ぼうとします。かつて、兄の楽水や従兄弟の縁小《ユエンシャオ》たちが、ウーイーを誘《さそ》ったように、みんなを誘いに行きます。べたべたとまとわりつきます。

でも楽山《ルーシャン》たちはちょっと迷惑《めいわく》そうです。彼ら3頭は、幼稚園《ようちえん》を卒園《そつえん》しようとしているのです。青年になる準備を始めているのです。幼稚園に入りたての頃《ころ》のように、無邪気《むじゃき》に遊んでなんかいられません。

「遊ぼうよ、遊ぼうよ！」

それでもウーイーはしつこく兄たちのところに行きます。もしかしてウーイーは、子どもをやり直そうとしているのでしょうか？

「ウーイーは素直になったのもしれない」

「いや、赤ちゃん返りをしているだけじゃないかな？」

飼育員《しいくいん》たちも、心配そうにウーイーを見ています。

赤ちゃんに戻っても、お母さんとはもう会えません。ウーイーは年明けから、立派なオスになるための準備を始めないといけないのです。

たしかにウーイーは、普通《ふつう》の子どものような感情を取り戻したのかもしれません。でも周りは、すでにそこから、卒業しようとしているのです。

またしてもウーイーは、取り残されてしまったのでしょうか。世界で一番小さく生まれたウーイーは、その遅《おく》れを取り戻せないのでしょうか。

遊びたくても、周りは遊んでくれない。

赤ちゃんに戻りたくても、戻れない。

ウーイーは結局、ひとり木に登ります。

ウーイーにだってわかっていました。大人《おとな》にならなくちゃいけないことを。でも、もうちょっと子どもでいたかったのです。もうちょっと、お母さんの赤ちゃんでいたかったのです。

縁小《ユエンシャオ》の骨折《こっせつ》

パンダは、標高《ひょうこう》2500メートル以上の山に住む動物です。800万年前に登場し、周囲の環境《かんきょう》に適応《てきおう》しながら、生き抜《ぬ》いてきました。

パンダは生涯《しょうがい》を、ほとんどひとりで生きます。縄張《なわば》り争いをせずに、自分の住処《すみか》を守って暮らします。他《ほか》のパンダに出会うのは、恋《こい》の季節だけ。惹《ひ》かれ合ったオスとメスは、愛を交《か》わすとすぐに、また二手《ふたて》に分かれてしまいます。

やがて赤ちゃんが生まれると、メスは一生懸命《いっしょうけんめい》育てます。その期間は1年半から、長くて2年。親離《おやばな》れすると、子パンダはひとりでお母さんの元を去っていきます。

こうしてパンダは一生の大半を、たったひとりで生きるのです。孤独《こどく》に生きることが、パンダという生き物の宿命《しゅくめい》なのです。

でも、パンダ基地で育った子パンダたちは、どこかのんびり屋さんです。食べ物で争うことなんて滅多《めった》にありません。お腹《なか》が減《へ》っても、大好きな飼育員《しいくいん》がエサを運んできてくれるのをボーッと待っていたりします。食べている途中《とちゅう》で取り上げられても、奪《うば》い返したりしません。

「あれ？　どうしたの？」

という表情で、やっぱりボーッと座っています。

野生とかけ離れた、過ごしやすい場所だからでしょうか。パンダ基地で育った子たちからは、何が何でも生き抜《ぬ》いてやるんだ、という強い意志が感じられないのです。

ところがウーイーだけは違《ちが》ったのです。

過酷《かこく》な状況下で生まれてきたからでしょうか。

ウーイーは野生パンダと同じように、孤独《こどく》を好みました。体は小さかったけれど、誰《だれ》よりも先に大人《おとな》になろうとしました。

生まれ落ちてからすぐに、飢《う》えを経験したからでしょうか。

ウーイーは誰よりも食べることに真剣《しんけん》でした。

でもウーイーは、どこかで子どものままでした。誰よりも野生の血が強く出ているのに、そのことを持てあましていました。子どもでいたいのに、力はすっかり大人。誰よりも大人に近づいたけど、誰よりも子どもっぽい……。

幼稚園《ようちえん》を卒園し、ウーイー、楽水《ルーシュイ》、楽山《ルーシャン》、縁小《ユエンシャオ》の4頭の「青年パンダケージ」での生活が始まりました。

ここでは、竹がたくさん与《あた》えられるようになります。だんだんと、主食に移行していくのです。

パンダは、食べ物の99％以上が竹で、1日に30キロ以上食べてしまいます。繁殖力《はんしょくりょく》の強い竹は、夏でも冬でも、1年中生えていますが、パンダにとってはなんだっていいわけではないようです。

60種以上ある竹の中で、好物は27種。中でも冷箭竹《れいぜんちく》が大好きで、特に柔らかいタケノコを好みます。

「青年パンダケージ」での起床《きしょう》は、パンダ幼稚園と同じく、朝7時。天気が良ければ、運動場に出されます。夕方6時には、運動場から室内に戻《もど》ってきます。幼稚園時代から変わったのは、一度お昼に室内に戻されること。竹を大量に食べるようになったので、その食べかすを、パンダたちが昼、室内に入っている間に片づけてしまうのです。


ウーイーは相変わらず、反抗的《はんこうてき》です。でも頭の良さもピカイチでした。

誰が呼んでも、自分のことだとわかっているようなのです。

「パンダには四川語《しせんご》しかわからない。同じ中国語でも北京語《ぺきんご》や上海語《しゃんはいご》では通じない」

これは飼育員の間の笑い話ですが、実際、その通りなんです。例えば、楽水に北京語で呼びかけても、反応は返ってこないでしょう。

では私たちが四川語で呼んだら？ 実は振《ふ》り向いてくれません。パンダはそれぞれの担当の飼育員に四川語で語りかけられたときだけ、反応します。パンダは、飼育員の声質《こえしつ》や発音のニュアンスを感じ取っているようなのです。

ところがウーイーだけは違います。

生まれ落ちてからすぐに、「ウーイー」と呼ばれ続けた彼は、自分の名前がウーイーであることをはっきりと認識《にんしき》しているのです。だから誰が呼んでも反応します。日本人が呼んでも、ウーイーにならわかってしまうのです。

音楽好きだったことにも関係があるのでしょうか。ウーイーは耳がいいのです。

「青年パンダケージ」でもうひとつの変化は、「パンダケーキ」が与《あた》えられることです。これは、パンダ基地で考案されたオリジナルフード。栄養饅頭《えいようまんじゅう》とも言われています。トウモロコシの粉をベースに、大豆《だいず》、麦、クルミ、オートミールなどを加えた特製ケーキで、パンダ基地のパンダたち、全員の大好物です。

飼育員は、このパンダケーキを棒《ぼう》の先に刺《さ》し、パンダの頭の上に差し出します。パンダたちはケーキを食べようと思ったら、後ろ足で立ち上がらなければなりません。

実はこれ、足腰の訓練《くんれん》の一環《いっかん》なのです。将来、立派に繁殖《はんしょく》ができるよう、今から計画的に鍛《きた》えているのです。

探し回らなくても食べ物が得られるパンダ基地のパンダは、どうしても運動不足になってしまいます。ただでさえ、ゴロゴロしているパンダです。睡眠《すいみん》時間は10時間。起きている時間の半分以上は、竹や笹《ささ》を食べている動物です。パンダ基地では、人間が鍛えてあげないとパンダの肉体がなまってしまうのです。

さあ、ウーイーたちのところでも、パンダケーキの時間です。

われ先にと楽水《ルーシュイ》、楽山《ルーシャン》、縁小《ユエンシャオ》が駆《か》け寄ってきますが、ダントツの1位はウーイーです。サッと最初のケーキを奪うと、脇目《わきめ》もふらずに食べ始めました。

ウーイーは「青年パンダケージ」に移ってきてからも、ひとり、王様のように振《ふ》る舞《ま》っていました。誰よりも好奇心が強く、誰よりも行動が素早《すばや》いので、パンダケーキのキャッチの仕方も、すぐにマスターしてしまいました。他の3頭に、このレースで負けたことがありません。

続いて、楽山、縁小と見事キャッチ。おいしそうに食べ始めます。

ところが、のんびり屋の楽水だけはどうしてもうまく取れません。ようやく取れた、と思ったその瞬間《しゅんかん》、自分のケーキを食べ終わっていたウーイーが、横取りにやってきました。お兄さんのケーキだなんてことは関係ありません。ウーイーから見れば、ライバルの食べているケーキです。

もしかしたらウーイーは、パンダ幼稚園の時のように、ただじゃれたかったのかもしれません。でも、他のみんなは違いました。パンダケーキを食べることは「遊び」ではありません。「訓練」です。

「ウーイー、やめなさい！」

飼育員も大声で叱《しか》りました。でもウーイーはやめようとしません。かつてのいたずらっ子のままです。

温厚《おんこう》な楽水もこれには怒《おこ》りました。つかみ合いの喧嘩《けんか》が始まります。幼稚園時代の喧嘩とは違います。大人になりかけの2頭です。本気の喧嘩です。

これに驚《おどろ》いたのが、平和主義者で気の小さい縁小《ユエンシャオ》です。必死に止めに入りました。ウーイーには相変わらず、はたかれてばかりの縁小ですが、喧嘩が見ていられなかったようなのです。

ウーイーの前足が、縁小を突《つ》き飛ばしてしまいました。縁小は崖《がけ》の下に転がり落ちていきます。

「ユェンシャオ!」

飼育員が心配して叫びます。でも縁小は自分で上がってこられません。スタッフが緊急《きんきゅう》に集められ、縁小が助け出されました。縁小はすぐに病院に搬送《はんそう》されました。後ろ足の骨折でした。

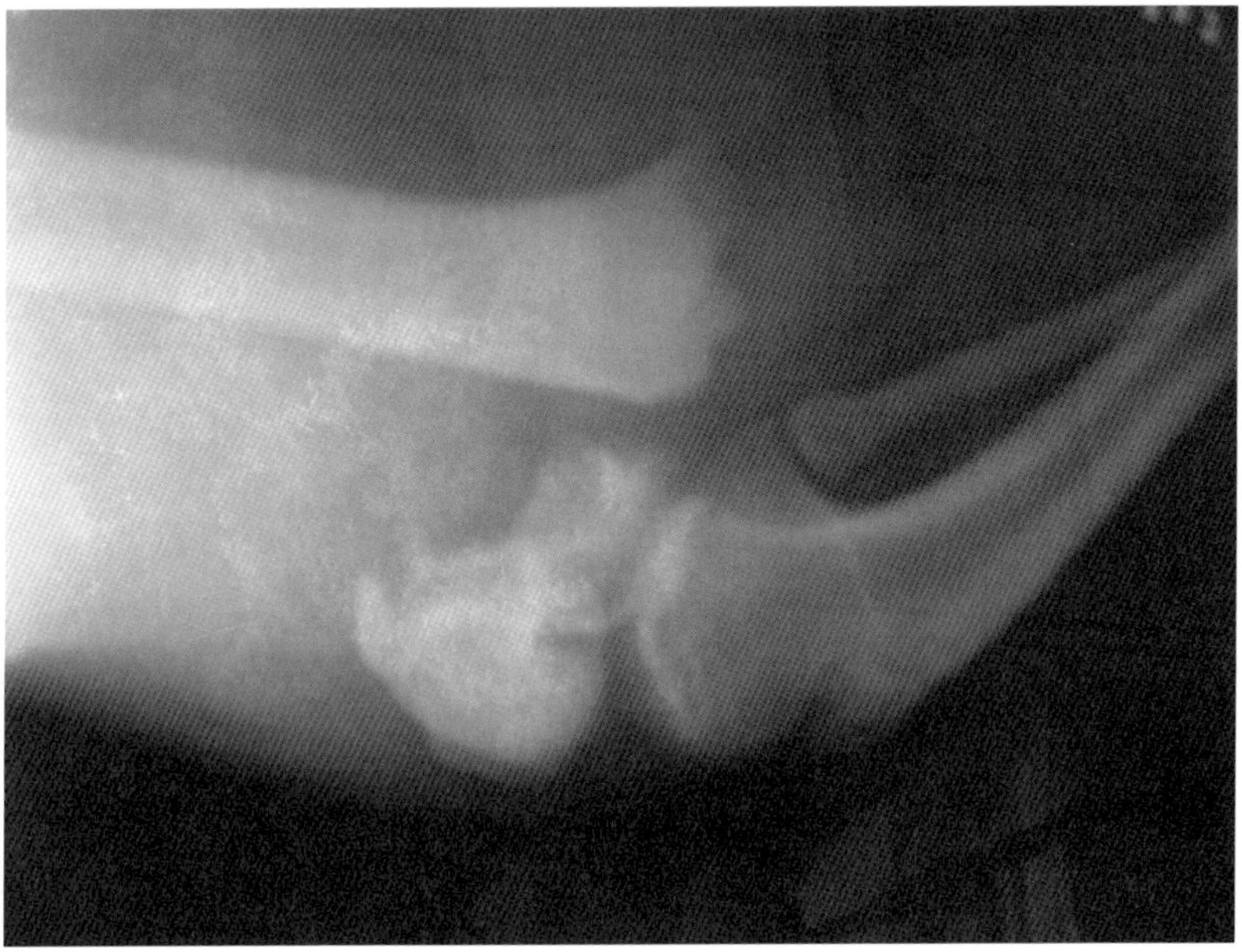

成都《せいと》パンダ基地始まって以来の大怪我《おおけが》です。獣医《じゅうい》だけでは手に負えず、急遽《きゅうきょ》、人間相手の医者——整形外科医《せいけいげかい》のもとに運ばれたのです。

縁小の後ろ足は、手術《しゅじゅつ》のために毛が剃《そ》られ、治ってからもしばらくは情けないままの姿でした。私たちが近づくと、前足で顔を隠《かく》していましたから、よっぽど恥《は》ずかしかったのでしょう。

ウーイーは、どう思っていたのでしょうか？

ウーイーは、ただ遊ぼうとしていただけなのかもしれません。パンダ幼稚園でミルクを奪っていたときと同じ感覚だったのかもしれません。でも、じゃれているつもりだったのに、友だちを傷《きず》つけてしまいました。

「なんでうまくいかないの？」

思えばウーイーは、自分の思い通りになったことなんてありませんでした。

「なんでお母さんはぼくを捨てたの？」

生まれ落ちてすぐ、抱いてほしかったお母さんには、見向きもされませんでした。

「なんでぼくは生かされてしまったの？」

お母さんに抱かれなかった時点で、自然界ならばウーイーは死ぬ運命にありました。でも飼育員たちは、ウーイーを生かしてしまいました。

「生きているから寂《さび》しいのに！　生きているから悲しいのに！」

お母さんにもうまく甘《あま》えられません。友だちと仲良くしようとしてもうまくいきません。子どものままでいたいのに、いつまでも甘えていたいのに、誰も待ってくれません。

「ぼくは、どうして生きているんだろう？」

「ぼくは、どう生きたいんだろう？」

エピローグ　ウーイーのいま

縁小《ユエンシャオ》の骨折《こっせつ》のあと、ウーイーは3頭から引き離《はな》されました。

男の子同士だから喧嘩《けんか》してしまうんじゃないか。こう考えた飼育員《しいくいん》たちは、ウーイーだけを、別の女の子と一緒《いっしょ》にしたのです。同い年の娅仔《ヤーザイ》です。

パンダ幼稚園《ようちえん》の頃は、オスもメスも関係なくじゃれていましたが、そこを卒園してから、初めてのお母さん以外の女性です。今までのウーイーだったら、無視《むし》してしまうかもしれません。飼育員たちにとっても賭《か》けでした。

さあ、ウーイーはどうするでしょう?

兄たちと違《ちが》って大人しい娅仔に対して、ウーイーは、かいがいしくなりました。食事中、肩《かた》に手を回してみたり（でも、わけてはあげませんでしたが……）。お昼寝《ひるね》のときは、ぴったりくっついてみたり（どうみても、枕《まくら》がわりにしていましたが……）。あの甘《あま》え下手《べた》なウーイーが、甘えようとしているのです!

相変わらずパンダケーキは奪《うば》ってしまいますが、兄たちをライバル視するような、トゲトゲしさは影を潜《ひそ》めました。

あまりにも不器用《ぶきよう》で、その思いは伝わらなかったかもしれないけれど、ウーイーは生まれて初めて、自分以外のパンダに、素直《すなお》に甘えようとしました。素直に気持ちを伝えようとしました。

一方的なウーイーの行動に、婭仔はちょっと困っていたかもしれませんが、それでもウーイーはほんの少しだけ（まだまだ下手ですが）、他《ほか》の子に「自分」を表現できるようになったのです。婭仔との生活は、1頭で独立して暮らすようになるまでの1年間、続きました。

兄以外のパンダと一緒に暮らしたからでしょうか？　それとも、他の誰《だれ》よりも、たくさんたくさん悩んだからでしょうか？　ウーイーはきっと気づいたのです。自分は自分でしかないことを。

お母さんだって、ウーイーのことを捨てたわけではないのです。兄ばかり、かわいがったわけではないのです。兄と自分を比べても何もかわりません。従兄弟《いとこ》と比べても意味がありません。自分は自分なのです。

ウーイーはやっと、大人への一歩を踏《ふ》み出したのです。

ウーイーは、今まで以上に、ひとりでいることが多くなりました。木の上にいる姿は、実際、何か物思いにふけっているようでした。

飼育員たちは次第に、ウーイーの中に「本能」や「野性」、そして「知性」を見るようになっていました。パンダ基地では、どうしても鈍《にぶ》ってしまう、生きていくための力。

生き抜《ぬ》くことに必死だったウーイーは、パンダ基地にいながら、野生パンダのように生きていたのです。そして小さい頃の悲しい体験は、考える力を養《やしな》いました。さまざまな経験が、ウーイーを誰よりも強い、たくましいパンダにしたのです。

パンダ基地の目的は、将来、ここで繁殖《はんしょく》したパンダを、自然の山に戻《もど》すことです。でも、何もかもが過不足《かぶそく》なく与《あた》えられる環境《かんきょう》で育ったパンダが、厳《きび》しい自然の中で生きていくことができるでしょうか？　パンダ基地でもそのことを心配しています。

今、パンダ基地では、基地が管理する竹林に、大人のパンダを放しています。青年パンダの集団を放す計画も進行しています。自分の力で生き抜くことを学ぶためです。パンダは「かわいい」と言われているだけでは、だめなのです。

そしてウーイーは、誰に教わったわけでもないのに、自分ひとりで、「生き抜く力」を身につけようとしているのです。世界で一番小さく生まれたパンダは、今や、最《もっと》もたくましいパンダになろうとしているのです。

2012年。

すでに兄や従兄弟《いとこ》たちは、成都《せいと》パンダ基地にはいません。

あの誰《だれ》よりも優しかった縁小《ユェンシャオ》。パンダ基地で初めて骨折《こっせつ》したパンダ、縁小は、成都動物園で人気者になっています。

楽山《ルーシャン》は、四川省《しせんしょう》の南西、雲貴《うんき》高原にある貴州省《きしゅうしょう》の貴陽《きよう》動物園にいます。

兄の楽水《ルーシュイ》は、上海《しゃんはい》の近く、東《ひがし》シナ海《かい》に面した浙江省《せっこうしょう》の安吉《あんきつ》動物園にいます。

4頭の中で唯一《ゆいいつ》、成都パンダ基地に残ったウーイーは、この春、初めての繁殖《はんしょく》に挑《いど》もうとしています。

ウーイーを担当した飼育員《しいくいん》たちは、決まってこう言います。

「ウーイーは男前《おとこまえ》だなあ」

お世辞《せじ》ではありません。パンダの飼育員たちは、長年の経験から、モテるパンダの顔つきがわかるのです。実際ウーイーは、鼻筋《はなすじ》がしゅっととんがった、

精悍《せいかん》な顔つきをしています。口の悪い飼育員は、平気で、

「あのパンダは可愛《かわい》くないから、なかなか相手が見つからないのよ」

なんて言っているぐらいですから。人間の世界と同じように、パンダにもカッコいいパンダとそうでないパンダがいるのです。飼育員はみんな、「ウーイーはモテる」と太鼓判《たいこばん》を押《お》します。

そして、ウーイーの血統《けっとう》は、奇跡《きせき》を呼ぶ家系です。

ひいおばあちゃんの冰冰《ビンビン》は、高齢《こうれい》出産に成功《せいこう》した9頭の母。おばあちゃんの梅梅は、初めて自分で双子《ふたご》を育てた9頭の母。お母さんの奇珍《チージェン》もすでに8頭を生みました。

その血が流れているウーイーに、みんなが期待しているのです。ひいおじいちゃんの越越《ユウユウ》、おじいちゃんの哈蘭《ハーラン》が野生のパンダだったからなのか、野性の本能を取り戻《もど》しつつあるウーイー。その子どもをたくさん作りたいと、成都パンダ基地が考えるのは当然です。死の淵《ふち》から甦《よみがえ》り、たくましく育ったその強

さを、次の世代にも分けたい、と期待をかけているのです。

　現在のウーイーの体重は110キロ。生まれたときの体重の約2200倍です。見た目も振《ふ》る舞《ま》いも「王様」のような風格《ふうかく》です。

　でも、あの腕白坊主《わんぱくぼうず》の面影《おもかげ》は、はっきりと残っています。いいえ、今でも腕白のままなのかもしれません。

　ウーイーは今、繁殖に備えて、1頭だけで「月分娩室《つきぶんべんしつ》」にある大人のオスのスペースにいます。

　ウーイーの日課《にっか》は、飼育員に怒られること。

「ウーイー、なぜそんなに汚《きたな》いの！」

　室内に戻るとき、いつも決まって、叱《しか》られるのです。

　見るとウーイーは、顔も体も泥《どろ》だらけ。地面に転がってわざと土をすりつけているようなのです。もしかしたらいまだに、飼育員に構《かま》って欲《ほ》しいのかもしれません。いたずらをすれば、注目してもらえると思っているのでしょう。

「ぼくのこと、見て、見て！」

そう、ウーイーは赤ちゃんのころから変わっていないのです。

飼育員もそんなウーイーを怒りながら、でも顔は笑っています。

「いたずらっ子のウーイー。あんなに小さかった子が、ここまで大きく育つんだから……。みんな、あなたが生まれたとき、もうダメかもしれないって思っていたんだよ。この子は生きることが許《ゆる》されていないんだって思ったんだよ。

……本当に立派になったね、ウーイー」

飼育員の目に、何かがキラリと光りました。

私も大人になったウーイーに、直接、リンゴをあげることにしました。飼育員と同じように、棒《ぼう》の先に付けたリンゴを、ウーイーの上に差し出します。

「ウーイー、あなたの大好きなリンゴだよ！」

何度も会っているのです。頭のいいウーイーは、私のことをきちんと認識《にんしき》しています。でも無視《むし》。わざと無視しているのです。大好きなリンゴなのに、聞こえていないかのように知らん顔しているのです。

少しずつリンゴをウーイーのそばに近づけます。

「あっ！」

目にも止まらぬ早業《はやわざ》とは、このことを言うのでしょう。あっという間《ま》にリンゴを奪《うば》いとると、おいしそうに食べ始めました。

あまりにも悔《くや》しかったので、計3回繰り返しましたが、結果はすべて同じ。

ウーイーにはかないません。

＊

ウーイーは、マイナスからのスタートでした。

お母さんの愛も、十分にもらえませんでした。

生まれ落ちた瞬間《しゅんかん》、不幸から幕《まく》を開けました。

でも、彼は生きています。しかも立派になって！

ウーイーの存在は、パンダの人工繁殖《じんこうはんしょく》が成功しているという証《あかし》です。

実際、ウーイーの際に行われた母乳《ぼにゅう》を獲得《かくとく》する方法は、その後も利用され続け、それによって親に見捨てられた赤ちゃんパンダの生存率《せいぞんりつ》が、30％からほぼ100％にまで引き上げられました。ウーイー以降に生まれた未熟児《みじゅくじ》たちは、ウーイーのときの経験が生かされて、無事に育っているのです。

成都《せいと》パンダ基地では、飼育員たちがこんなふうに言っています。

「どんな未熟な赤ちゃんでも、ウーイーがいるから大丈夫《だいじょうぶ》！」

私自身、ウーイーからきっと「生きる勇気」をもらったんだと思います。だってウーイーのことを思い浮かべるたびに、元気になる自分がいるのですから。

２０１１年２月には、上野動物園にパンダの力力《リーリー》と真真《シンシン》がやってきました。上野動物園では３年ぶりのパンダです。

東日本大震災《ひがしにほんだいしんさい》からの復興《ふっこう》を目指す仙台市《せんだいし》（八木山《やぎやま》動物公園）には、今後、２０１２年の日中国交正常化《にっちゅうこっこうせいじょうか》40周年を記念して、パンダがやってくる予定です。

和歌山《わかやま》のアドベンチャーワールドには、梅梅《メイメイ》の子どもたちなど８頭が元気に暮らしています。神戸市立王子《こうべしりつおうじ》動物園にも１頭のパンダがいます。

もしかしたら今年の夏には、ウーイーの第一子《だいいっし》が生まれているかもしれません。将来、ウーイーの子どもが、日本に来ないかな、と私はひそかに思っています。きっとウーイーの子どもです。強くて腕白《わんぱく》で、いたずら好きな子どもでしょう。「男前《おとこまえ》」のウーイーの子です。カッコもいいんじゃないのかな？

世界で一番小さく生まれたパンダ、ウーイーは、きっと立派なお父さんになるのでしょう。

命はこうして、繋《つな》がっていきます。

ブックデザイン　宮坂 淳

企画　河村光庸　圷滋夫（スターサンズ）
撮影協力　佘秧
協力　魏玲　張玉均　成都パンダ基地の皆様
構成　角山祥道
編集　和阪直之

作／張 雲暉　Zhang Yunhui（ジャン・ユンフイ）

中国・重慶生まれ。1989年来日。1993年に映画制作プロダクション「ドラゴンフィルムズ(龍影)」を設立。『四海我家』や『広場』、『2H』など世界的評価の高い映画の企画・制作等を手がける。2007年からパンダを追いかけ、公開中の映画『51世界で一番小さく生まれたパンダ』を企画、製作。

映画51公式サイト http://panda51.jp/
ドラゴンフィルムズ http://www.dragonfilms.co.jp/

写真／張 志和　Zang Zhihe（ジャン・ツーフー）

中国・四川大学獣医研究生卒業後、浙江大学で博士号を取得。1987年に設立された「成都ジャイアント・パンダ繁殖研究基地」の創立メンバーのひとり。現在、同基地主任。その他、中国パンダ繁殖技術会主任、中国動物園協会副会長などの要職を兼務。パンダ専門の写真家としても活躍し写真集を上梓。

成都パンダ基地公式サイト http://www.panda.org.cn/

5 1 （ウーイー）
世界で一番小さく生まれたパンダ

2012年2月14日　初版第1刷発行

著　者　張雲暉
写　真　張志和
発行者　稲垣伸寿
発行所　株式会社 小学館
〒101-8001　東京都千代田区一ツ橋2-3-1
電話　編集03-3230-5438　販売03-5281-3555

印刷所　凸版印刷株式会社
製本所　牧製本印刷株式会社

＊造本には十分注意しておりますが、印刷、製本など製造上の不備がございましたら「制作局コールセンター」（フリーダイヤル 0120-336-340）にご連絡ください。（電話受付は、土・日・祝日を除く 9:30 ～ 17:30 です）

Printed in Japan　ISBN978-4-09-388239-2